鹿鸣心理

殊 途

精神分析案例集

THERAPEUTIC APPROACHES
TO VARIED PSYCHOANALYTIC CASES

[美] 沃米克·沃尔肯（Vamik D. Volkan）◎著

成颢◎译 | 武春艳◎审校

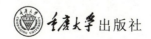
重庆大学出版社

推荐序 ◀◀◀◀
躺椅旁的精神分析师与田野上的和平主义者

一

我们要怎样描述这一位作者呢？

在许多访问里，如果有人问沃米克·沃尔肯，这位杰出的精神分析师、作家和国际和平工作者，他为何会走出诊疗室而做这一切不可思议的工作，直到今天，他几乎都是从以下这个故事说起的：

"当我到土耳其安卡拉读医学的时候，家里是十分贫穷的。在最后的两年，我和一位同样来自塞浦路斯的朋友艾洛一起租了个房间。"这时候，你可以看到他的眼睛望向窗外，让别人看不到其中的情绪，"我家里虽然有姐妹，但没有兄弟，所以艾洛也就成了我的兄弟。1957年，我来到美国，三个月后，我接到父亲的来信，里面有我兄弟的一张照片。

"艾洛在毕业以后选择回到塞浦路斯。当时，希腊后裔的激进分子想要让塞浦路斯回归希腊。艾洛妈妈当时的身体状况不好，他们便一起到街上的药局，想要找一些相关的药物。就这样，这些激进分子至少重复射击了他七枪！

"他之所以会死，并非他是艾洛的缘故。他们拿枪扫射他，只是因为他属于另外一个团体。他们因为他的认同而杀了他。"

对于这样痛苦的失落经验，沃尔肯的反应是将这一切放到内心更深处的角落，以为就这样了。作为一位精神分析师，他还是继续自己的专业，没有意识到挚友的死亡其实在他的潜意识里一直引导着自己的生命，让他不知不觉走向了现在所从事的工作。

二

沃尔肯于 1932 年出生在塞浦路斯岛中间偏北的四千年古城尼科西亚，父母皆是土耳其裔。

塞浦路斯这个岛屿地处地中海偏土耳其南边的位置，在历史上经历了多次的冲突与分裂，也是在冲突严重的 1957 年，沃尔肯的好友，艾洛医师在街上被人屠杀。

2004 年的 5 月 1 日，塞浦路斯共和国（南边的希腊族区域）单独加入欧盟，成为欧盟正式成员国。

至于土耳其裔的塞浦路斯人，则成立了国际社会到目前为止都不承认的北塞浦路斯，首都就定在尼科西亚这座城被隔离出来的北半部，也就是沃尔肯的老家。

不过，沃尔肯本人可能不会习惯称这座城为尼科西亚，因为这是希腊语的名称。在土耳其裔的塞浦路斯人里，他们自己用土耳其文称这个城市为莱夫科西亚（Lefkosia）。也确实如此，在沃尔肯大部分的资料里，出生地都写着莱夫科西亚。

三

一个临床工作十分出色、著作等身的精神分析师，原本应该乖乖待在治疗室，为什么会成为一位穿梭在国际战场的前线、难民集中营、各国政治家或外交官聚会场所的国际和平工作者呢？甚至在2005年以后，多次获得诺贝尔和平奖的提名？

1957年，这位在土耳其安卡拉完成了医学教育的年轻医师来到了美国，随后进入当时美国的主流精神医学圈子，同时开始接受精神医学与精神分析的训练。后来，他在弗吉尼亚大学这所常春藤盟校服务长达39年，同时也在华盛顿精神分析研究所（位于华盛顿特区）协助培养新进人才，在两个地方都被评为荣誉退休教授。

然而，沃尔肯偶然听到了一个消息，也就开始了这些不同寻常的社会参与。

1977年，埃及时任总统萨达特访问以色列。他这样的举动为以色列与它周围阿拉伯国家的关系一度带来了和平的可能。他在以色列的议会公开演讲，勇敢地说出两个国家之间所有的问题中至少有70%纯粹是"心理障碍"的结果。

这样的说法出现在重要的国际政治家口中，是相当不寻常的。这对长期关心国际事务的许多国际非营利非政府组织，自然是一大鼓舞，更不用说对心理界人士了。在美国精神医学学会中，有一个精神医学与外交事务委员会，他们觉得，多年以来世界各地越来越严重的种族冲突，现在似乎忽然增加了不少解决的希望。当时这个委员会的副主席就是沃尔肯。他和其他许多人提出积极的建议，希望来进一步思考这样的"心理障碍"究竟是怎么回事，想要理解究竟是什么样的政治、历史和心理因素，可以对大团体的集体心理产生强烈的影响，又可以对个人的个体心理产生同样的影响？

这样的计划不只是文字上的思索，他们也透过实际的参与来进一步思考，包括在难民营的团体里，在族群冲突的社区里，乃至于到了治疗室都是如此。许多原本极端对立的处境，敌对的双方就算没有办法立刻化解彼此之间的冲突，至少也都用语言文字取代了过去随时就拿上手的武器。

沃尔肯参与了许多以色列人和阿拉伯人之间进行的非官方对话，这让他很快明白，人性在极端的压力之下，心智上会很快地采取"我们以及对立的他们"（us-against-them）这样的模式，彼此之间过去如邻居一般的熟悉感也就不复存在。幸运的是，他也从实际的参与中发现到切实的证据：只要有真诚而开放的对话，这种对立可以得到有效的改变。

沃尔肯在一篇访问里表示，这些发现让他开始有了"保持戒慎的乐观"，因此他决定进行长期的研究。1987年，在美国时任总统卡特的支持下，他在自己任教的弗吉尼亚大学医学院成立了"心理与人类交互研究中心"。因为没有一个单一的专业可以解决这么复杂的问题，所以参加的人不只是精神科医师与精神分析师这一类的临床工作者，还包括退休的外交官、历史学家、政治学学者、环境政策专家以及其他领域的专家。他们将不断增长的理论知识，以及以现场验证所获得的知识，运用到了各种各样的议题之中，比如：种族对立、种族主义、大型群体认同、恐怖主义、社会性创伤、移民、哀伤、代际传递、领导与下属关系，以及国家和国际冲突的其他方面等。

四

直到今天，这个组织仍然保持着这样的精神，继续工作，即便沃尔肯于2002年从弗吉尼亚大学荣誉退休，已经不再担任这里的负责人。

沃尔肯本身也从来没有闲下来。他之前被美国时任总统卡特任命为直接向他报告的"国际协调网络"（International Negotiation Network，INN，1989—2000)的成员之一，也是国际精神分析学会"恐怖与恐怖主义工作组"（Working Group on Terror and Terrorism）的成员之一。同时他也一度担任世界卫生组织阿尔巴尼亚与马其顿计划的顾问。2006年，南非图图主教庆祝真理与和解委员会活动开展十周年时，沃尔肯也受邀在开普敦做大会演讲。因为他可以说是第一个将精神分析或心理学的理论有效地应用到当今社会最不知所措的种族问题的人，包括大族群之间的仇恨。这样的任务接踵而来，他同时也获得了包括诺贝尔和平奖提名在内的各种荣誉。

然而，他还想要做更多的努力。

2007年，他创办了"国际对话倡议组织"（International Dialogue

Initiative，IDI），想要在原来的理想上，做更深入的工作。

在这个组织的网站上，他们一开始就是这样介绍自己的：

"我们是谁？IDI是不属于任何国家的、国际的、不同专业领域的团体，包括精神分析师、学术工作者、外交官以及其他专业人士，从心理学的角度来研究和解决社会上的冲突。"

"我们要做什么？在21世纪，了解大他者（Other）如何以各种方式存在，可能是在民主和国际关系领域当中最主要的困难。因为历史所造成的、反射性的敌对态度（这一切的缘由在过去往往早已消失，但是相关的情绪和象征在当今社会依然十分活跃），往往造成当今社群之间与国族之间的冲突。站在双方实际利益的角度所进行的理性讨论，经常被一方的非理性观点挫败，所有的讨论也就存在变得十分容易混乱或极端化的危险。从一开始就有着紧张的工作关系，于是便遭到了更多的破坏。从心理学角度进行对话的目的是，要在这些沟通与关系的重重障碍中，试图打开一个反思的空间。这一切的目标在于了解这些障碍（通常和创伤有关）的情感和历史背景又是如何在当今世界里一再被感受和体验的。这样强力密集的心理学习，可以帮助参与者克服对对话的阻抗，进而提高让团体之间的问题找到和平解决之道的速度。"

"国际对话倡议组织"并不是一个很庞大的组织，但参加的二十位核心人物都是相当有临床能力的。目前担任这个组织的副会长，也来过中国武汉教学和培训的罗比·弗莱德曼（Robi Friedman）博士就是其中一位。他是以色列海法大学临床心理学教授，曾任国际团体分析学会主席，是以色列团体分析协会的共同创始人及现任主席，还是以色列团体心理治疗协会的前任主席。

五

因为在临床上有这些实践的需要，也就促成了沃尔肯在理论上发展出另外一片天地。

他研究的焦点是将精神分析的思想，应用到不同的国家与文化、个人与社会哀悼、创伤的代际传递，以及原始心智状态的治疗方式中去。

他发展出一套非官方的外交模式和理论，也就是"树模型"（tree model），对常年无法结束哀悼的人提出他们内心现实的连接性客体和连接性现象（linking objects and linking phenomena），并且观察这些社会的"选择性创伤"（chosen traumas）和"选择性荣耀"（chosen glories），将心智功能保持未开发状态的这些人内在的"婴儿期精神病性自体"（infantile psychotic self）的演化加以建构出相关的理论。

所谓的"连接性客体"，这种对实质认同的客体，可能是真实的物体或者是行动，或者是其他的形式，将哀悼者连接到（经常也是产生聚合的机会）真正失去他们的那一刻。

爱德华·毕布林（Edward Bibring, 1894—1959）是出生在奥地利的精神分析师，从1925年起就是维也纳精神分析学会的成员，和弗洛伊德的关系相当近。1941年，他由于纳粹的崛起而移民美国，却陷入了书写上的障碍。为了治疗自己这个问题，他在1954年发表了一篇文章，讨论"弭除反应"（abreaction）这个机制的重要性。他将它称为"情感的再世"（emotional reliving）。（弭除反应是情绪的卸载，透过这种卸载，主体摆脱附着在创伤事件记忆之上的情感，以便使记忆不成为或不停留在病原状态。弗洛伊德在《论歇斯底里现象之精神机制》阐述关于歇斯底里症状发生的理论中，提出了弭除反应的描述。）

沃尔肯在毕布林这样的理论基础上，提出"再次哀伤治疗法"（re-grief therapy），希望能够解除这些人内心迟迟无法改善、已经是病理性的哀悼。对沃尔肯而言，哀伤治疗是重要的工作。在他的"树模型"当中，他进一步描述透过对话所改善的不同族群之间的关系，为何可以维持下去，并且应用到真实的世界里。"根"指的是由诊断阶段所构成的树，"树干"是心理—政治对话的促进历程，"树枝"是对话阶段发展出来的各种独立机构和组织，资源或资金当然就是"水"。他强调："这个'树模型'的特性就是运用了包括精神分析师、精神科医师、（前任）外交官、历史学家和其他社会与行为科学家这种多领域合作的处境对话团队。"

<h1 style="text-align:center">六</h1>

作为一位精神分析师，沃尔肯是在华盛顿精神分析研究所这样严谨奉守弗伊依德教诲的圣殿里被慢慢精工雕琢出来的。在这里，一连串的训练过程虽然是理论延伸出来的，但在实际的操作现场其实也可以说这一切过程与传统的宗教仪式没有太多差别了。人们在这样的过程中，这一切规矩往往内化到无意识的最深层，似乎成为他永远没有

机会去怀疑、去改变的仿若本质的部分了。而沃尔肯就是这样被训练出来的。

但沃尔肯却挣脱了诊疗室，他开始将精神分析（不只是理论，更多的是操作）放到了田野。他也许是从人类学家那里获得的灵感，或是从社会工作者的实务中得到的领悟。总之，他从治疗室走到了田野，从一个人对一个人的分析，走向一群人对更大的一个团体进行的治疗工作。在这个巨大差异转变的过程中，沃尔肯的精神分析理念并没有出现任何明显的断裂。对他来说，这样的改变绝对不是背离，更不是对立，而是精神分析更广阔的延伸。

他能够这样创造出新的精神分析工作，其实也反映出精神分析这一学科本身理论发展的成熟。我们可以说，精神分析在经历了一个世纪的努力之后，越来越有能力自在了。虽然在精神分析的追随者和训练机构中，许多人还是坚持着僵硬的官僚制度，充满恐惧地死守着某一流派的理论要求，但是，比起过去连弗洛伊德自己都不允许任何人对他本人发起挑战的那个时代，现在则是越来越多的人开始足够成熟，因此可以走出诊疗室，自在地面对眼前这个外部世界所呈现的多样化的现实。

于是，在面对广阔的社会时，特别是面对那些既没有能力也没机会走进诊疗室，也因此是过去精神分析几乎没触及过的人时，现在精神分析越来越有足够的理论基础了。

沃尔肯所做的工作，在精神分析发展的历史中，正是有着这样划时代的意义。而这也是为何沃尔肯受到精神分析界如此普遍肯定的原因，荣获这个领域许多重要的成就奖项："内维特·桑福德奖""埃利斯·M.希曼奖""L.布莱斯·鲍耶奖""玛格丽特·马勒文学奖""汉斯·H.

斯特鲁普奖""美国精神分析师协会杰出成员奖"以及"玛丽·S.西格尼奖"等。

七

沃尔肯从诊疗室走向田野、走向社会，但他也经常回到诊疗室躺椅旁边的座椅上，也回到书房里的书桌旁。

在书房里，他一边写着田野的临床经验所激发的理论思考，一边写着精神分析的故事，包括诊疗室里和田野上的故事。

他是一位一流的心理故事写作者，所有治疗室里躺椅上的人物在他的笔下都变得活灵活现。然而，他写的是精神分析故事，是在引导读者看到生活里面的喜怒哀乐以后，慢慢穿越，进入这个人整个成长过程，甚至进入黑暗的无意识世界。

沃尔肯是一位临床的叙述者，或者说是为了教学、为了让人们了解什么是无意识和什么是深度心理，而开始说故事的人。

在他的小说里，包括客体关系理论在内的精神分析抽象语言，重新又还原成临床发生的现象，一切的理论都十分具体了。透过他的书写，我们可以从精神分析的深度思考我们所看到的一切。一个人远远看起来很平常的生活表现、偶尔一闪而过的特殊行为或是刚好贴近才能拥有的特殊感受，沃尔肯都通过他的描写引领我们走到心灵的最深处，了解这一切是如何被他过去的童年生活慢慢塑形出来的。同样地，在他的笔下，我们了解到精神分析漫长的治疗为何是必要的，而疗愈又是怎样发生的。

沃尔肯这一类既是小说又是案例的作品，大致上可以分为两类：一种是关于他走到田野的故事，我们因此可以看到人类集体的最深层痛苦是如何因为彼此的伤害而产生的，而他和他的团队又是如何运用客体关系理论来处理这样的大团体（国家、民族、宗教团体……）之间的关系；一种则是他在治疗室里面遇到的故事，关于那些拥有原始心智状态的严重人格违常。

这本2019年的新书属于后者，他透过四个案例故事叙述了四个源自童年成长，在客体关系发展上开始出现问题，而之后成为人格障碍的案例。

这本书是相当热腾腾的，美国到现在（笔者写这篇文章的时候）都还没有正式出版。这些年来，随着精神分析在国内的发展越来越活跃，欧美许多一流的心理治疗师或精神分析师，几乎都有各自的同中国的关系。同样地，许多国内的治疗师或分析师，也跟他们有各自的关系。这本书可以这么快地有中文版出版，我自己也感到十分好奇。我询问了翻译这本书的心理治疗师成颢，他表示："沃尔肯在美国出版过很多书，我在其中一本书里面看到过'南方美人'的简短案例，所以就问他关于这个案例的事情。他说自己正好在写一本案例集，就建议我翻译这本案例集了。我问的时候，这本案例集还没有写完。在2017年12月23日圣诞节前夕，沃尔肯才写完这本书。这本书目前在美国还没有出版，但是版权属于Pitchstone Publishing。"

作者写这本书的文笔相当地流畅传神，所有对专业部分的描述更是栩栩如生，把握得十分到位。这是沃尔肯这类案例书的第四本，前面三本包括:《如果你让玫瑰穿过了蒲公英,你会获得什么?》(*What Do You Get When You Cross a Dandelion with a Rose*,Volkan,1984)、《寻找完美的女人:一个完整的精神分析故事》(*The Search for the Perfect Woman : The Story of a Complete Psychoanalysis*,Volkan & Fowler,2009)、《欲杀妻者》(*Would-Be Wife Killer*,Volkan,2015)。

对精神分析或是弗洛伊德的理论,很多人都感觉很熟悉。但是,真正的状况究竟是什么?比如,所谓的无意识,在你的生活里面,在你每天吃饭、走路、睡觉、呼吸当中,究竟是什么样的存在,这对很多人来说其实是十分遥远的。知道精神分析,却不知道真正感受到的感觉会是什么,这是许多人真正的处境。从真实的案例着手,像看小说一样的愉悦,慢慢地了解了精神分析的深度,慢慢地觉得所谓的无意识,原来是那么具体,也因此是如此地遥远,这时弗洛伊德所讨论的这一切东西,才会真正地在我们生命当中显现效果。

这本书,对学习精神分析和心理治疗的人来说,是一本很好的案例示范;对于一般的读者来说,如果没有真正经历过精神分析或深度心理治疗,那么,这将是走进与自己相处这么久,我们却从来不知道它存在的无意识的最简单的方法。

—— 王浩威

译者序 ◀◀◀◀

国际心理治疗协会（IPI）设立了一个专门的网站，向全世界的读者公开了大量经典的心理治疗出版物。作为穷书生的我，这种大好机会自然不会放过。多年来，我一直在阅读IPI提供的这些著作，吸收着免费却异常丰富的营养。

七年前，我在这个网站看到一本名为《南方美人》的书，实际上，它算不上是一本书，而是一则很长的案例。我被这个案例深深地吸引了。这位作者描述治疗过程的方式极为与众不同，他将治疗的开端、发展以及结束都极为完整地呈现了出来，极为清晰地展现了治疗师在治疗的不同阶段所采取的不同治疗技术。在他的治疗过程里面，经典与当代的精神分析理论与技术极为巧妙地融合在一起，患者与治疗师互动的当下、患者的现实生活、患者与其重要家庭成员的关系、患者的家族历史以及患者所处的文化背景及其变迁等等，这种种元素，均以某种有序而饱含意义的方式组合了起来，形成一幅复杂却清晰的图景。由此，我们得以一窥代际的问题如何在世代之间隐秘地传递，患者如何从较为原始的人格组织逐渐得以发展，他们如何完成人类心理发展的一个又一个关键历程，如何整合抚养者和自己的心理意象，从母婴依恋的二元关系得以分离个体化，逐渐过渡至三角关系，并最终走向广阔的世界。

在这部作品之中，我们看不到理论之间的激烈争执和相互排挤。作者似乎并不重视究竟什么取向的治疗才是真正的、最好的精神分析治疗，他重视的是：此刻的患者需要的到底是什么？在他的阐述之中，仿佛西格蒙德·弗洛伊德、安娜·弗洛伊德、梅兰妮·克莱因和唐纳德·温尼科特等不同年代的精神分析师们于此会聚一堂，共同治疗着这个时代的病患。因而，他所呈现出来的精神分析，是属于患者的精神分析，而非属于治疗师的精神分析。在这个流派与取向纷争的时代，这样的态度多么难能可贵！有太多的治疗师，他们沉陷在斗争之中不可自拔，符合自身准则的奉为圭臬，与自身不相契合的则弃之如敝屣。处于如此背景之下的治疗，常常只是治疗师自己的狂欢，而患者却往往不幸沦为狂欢的筵席。

带着惊叹和思考，我逐渐对这位名叫沃米克·沃尔肯的土耳其裔美国精神分析师产生了浓厚的兴趣。我发现，沃尔肯教授著作甚丰，他本人在美国乃至世界精神分析界都享有盛誉，他构建的理论与临床实践对于精神分析理论在国家与文化层面的应用，有着极为重要的推动作用；他的选择性创伤理论在社会学领域也有着重要位置。他曾荣获"西格蒙德·弗洛伊德奖""玛格丽特·马勒文学奖"和"玛丽·S.西格尼奖"等精神分析界的重要奖项，还由于在种族冲突方面发挥的巨大作用，先后五次获得诺贝尔和平奖提名。令我感到惊讶的是，国内学界却尚未对他的理论与作品进行译介。2017年，我参加了杰罗姆·布莱克曼教授为期三年的连续课程。布莱克曼老师授课旁征博引，妙趣横生，而让我感到惊喜的是，他多次提到了沃尔肯教授和他的理论，包括代际创伤、选择性创伤、连结性客体和连结性现象等。通过布莱克曼教授，我和沃尔肯教授建立了联系。我问他，如果有出版的机会，他愿不愿意让我翻译他的作品。他告诉我，实际上，他正在写一本案例集，其中恰好包含了"南方美人"，他问我愿不愿意先翻译这本尚未完成的书。我立即同意了。在郗浩丽博士和赵丞智医生的大力引荐之下，重庆大学出版社最终决定出版这部作品。

2017年盛夏，沃尔肯教授完成了前两个案例的整理工作，我也开始了旷日持久的翻译；2017年冬，我收到了另外两个案例，并于2018年3月完成了初步的翻译。我对译稿先后进行了三次校对，并由武春艳医生进行了最后一次校对，于2018年12月定稿。待全书译毕，我意识到，这是沃尔肯教授的雄心之作。他将自己半个世纪以来的临床工作经验，镶嵌入四个极为完整而又引人入胜的精神分析案例中，不仅突显出精神分析理论解决不同类型的心理疾患时所展现出的超凡魅力，更勾勒出一个富有经验的精神分析师，如何在极度多元化的精神分析世界之中自在地漫游与精巧地整合，将纷繁复杂的临床资料转换为极富深意的人类故事。沃尔肯教授的叙事风格冷静而又透射出深沉的光芒，患者隐藏的惊人往事和充满张力的医患关系，在他平静而深邃的笔触下无声地倾泻而出。患者的人类形象在沃尔肯教授的刻画之中逐渐变得立体、生动、鲜活和深邃，最终令我们的内心产生难以置信的共鸣。最难能可贵的是，沃尔肯教授对患者的个人生活、接受的教育、家庭环境、不同寻常的经历、身处的文化、宗教的氛围、历史事件、无意识的幻想以及代际传递的内容都予以了密切的关注，并对分析的全过程进行了细致的观察和反思。这部作品，可谓是精神分析临床实践领域极为宝贵的财富。另外，本书也是极少数首先在中国大陆地区出版的国外精神分析著作。能够参与本书的译介工作，作为心理健康领域的后辈，我备感荣幸。

这本书得以出版，首先要感谢沃米克·沃尔肯教授予我的信任，他的渊博、深刻、真诚以及耄耋之年仍笔耕不辍的精神，深深地打动了我。感谢杰罗姆·布莱克曼教授，没有他的大力引荐，我和沃尔肯教授没法达成这样的合作。感谢我的分析师安德里亚娜·普林格勒女士，她让我充分理解了翻译和书籍本身于我的至深意义。"对你而言，书籍是不会死的，知识和智慧是永存的。"她说过的这句话，我始终铭记在心。感谢南京师范大学的郗浩丽博士，早在我攻读研究生期间，她便是我的良师益友。她得知我遇到出版方面的困难，便毫不犹豫地伸出援手，把这部作品推荐给了回龙观医院的赵丞智医生。赵医生也是一名译者，曾翻译过温尼科特和布莱克曼教授的多部著作，正是他，将这本书推荐给了重庆大学出版社，而我也很快得到了回复。赵丞智医生的推著，无疑是本书得以出版的关键。我还必须感谢武春艳医生。她是布莱克曼教授课程小组的翻译，当初她得知我的困难之后，也非常愿意帮助我联系出版社。当她得知重庆大学出版社已决定出版这部作品时非常高兴，并决定帮助我完成这本书的校对工作。此外，我还必须要感谢王浩威医生，他在精神分析著作的翻译方面给我的激励、建议和忠告是意义重大的。当我和他谈到沃尔肯教授的这部作品以及过渡性幻想的理论时，他非常感兴趣，并决定为此书作推荐序。

在翻译这本书的过程中，我一直在思考一个问题：作为心理健康工作领域的年轻从业者，我们到底需要什么样的前辈呢？丽塔·麦克科利尔瑞在《与不确定性对话》这部作品中，阐述了自己作为一名年轻从业者的困惑和挣扎，我们也看到了前辈们给予她的帮助和指导，对她具有何等重要的意义。著名精神分析师斯蒂芬·米切尔给这部作品作了序，也回顾了自己还是一名年轻从业者时的苦恼和探索。我感到，我遇到的这些前辈，都弥足珍贵。他们学有所成，在各自的领域和专业颇具影响力，但最可贵的是，他们毫不吝惜自己的资源和能力，几乎倾尽全力地帮助着毫无利益瓜葛的后辈。每当想到这些，我的内心便充满了感动和力量。正如我们在心理咨询与治疗之中发现的那样：养育者坚决地在场和果断地退场，其间包含着多少深爱。我体验到的这种前后辈关系，正是充满了这种深爱的关系。无疑，我是幸运的。但更为幸运的是，这是我们共同的事业。

与此同时，我还必须感谢那些支持与协助我从事翻译工作的伙伴们。首先是南京邮电大学心理健康教育与咨询中心的陆晓花、曲海涛和杨诗露，我们既是同事，亦是朋友与合译者，没有他们长期以来的鼓励、欣赏、督促和协助，这本译作也不会顺利问世。尤其是杨诗露，她是一名杰出的译者，她在这本书的遣词造句方面给了我非常多的帮助。其次，我必须感谢杨娟和魏冉，我们既是同学，也是合译者，我们经常在一起讨论翻译的疑难之处，本书的翻译工作自然也离不开她们的支持和鼓励，我也热切期待着我们共同的作品能够尽快面世。此外，我尤其要感谢樊淑英教授，作为资深翻译和英语语言文学的资深教师，她的英语文学翻译小课堂令我受益匪浅。此外，必须要致以崇高谢意的还有重庆大学出版社的王五云和本书的编辑敬京，没有你们的认可和欣赏，出版的计划无疑会搁浅。我和王五云以及敬京多次交流，深切感受到了他们精深的专业背景和独具慧眼的鉴赏力，我也期待着能够和他们有进一步的合作。

最后，我要感谢我的家人，尤其是这个家庭的女人们，她们无疑都是伟大的母亲，总是支持着我的工作。需要特别提及的是我的爱人徐文和女儿墨央。徐文既是心理健康从业者，也是语言学工作者。她通读了我的译稿，并提出了很多中（残）肯（酷）的意见。自2009年开始，我便断断续续地翻译或校对着各种各样的专业著作，在这些日子里，她在生活和工作上都给了我无私的支持。她的真诚和睿智，她给予我的欣赏和认可，是我无与伦比的财富。我的女儿墨央，她虽然只有五岁，但已经可以非常欣赏我的工作，并声称她自己也要将手头的童话故事《葫芦兄弟》翻译为英文。她非常喜爱与我一起做游戏，但她不得不接受我需要将大量的时间投入翻译，在此，我要感谢她的理解和支持。

至于这部译作，我虽百般努力以求达到极致，但仍不免力有不逮，存在许多纰漏，若有谬误之处，还望诸位读者和同行不吝赐教。

成　颢

南京邮电大学心理健康教育与咨询中心

中文版序 ◀◀◀◀

这是我的作品首次被翻译为中文。本书得以出版，令我感到极大的欣慰和荣耀。

1932年，我出生于塞浦路斯（一座位于地中海的岛屿），那里离中国自然是非常遥远的。不过，中国有着非常悠久而丰富的历史。在年少求学的时候，我便时常幻想成为中国历史和文化故事当中的那些英雄。1957年，我以青年医师的身份移民美国，也开始接触到中国文化的方方面面，只不过，那仅仅是中国文化在美国的呈现。另外，我在弗吉尼亚大学工作，也会在那里见到来自中国的学者。

在美国，我成了一名精神分析师，也创作了很多作品。这些作品被翻译为芬兰语、德语、希腊语、意大利语、西班牙语、塞尔维亚语、俄语和土耳其语等多种语言。然而，这一次，我的书被翻译为中文，我与自己在年少时期对中国历史和文化的幻想在情感层面得以联结。因此，对我而言，本书的出版是一份激动人心的礼物。我知道，有很多中国的同行，正致力于使用精神分析来理解人性，并将其作为必要的工具来帮助有需要的个体。我希望，这本书能够对他们的前行有所帮助。

沃米克·沃尔肯，医学博士

2018年9月

目 录
Contents

第一章 引 言

　　我将本书构思为一个严肃的教学工具，无论是对于学生，还是对于讲授精神分析疗法的教师（指导者），或是对于任何想要学习精神分析，并想将其作为技术性工具用于改善个体生活的人。根据经典精神分析的观点，只有神经症患者才是可以被分析的。但是，我们发现，西格蒙德·弗洛伊德的某些患者，他们的问题，其实比典型的神经症患者的问题要大得多。显然，自从精神分析师成为一个职业以来，走入精神分析师办公室的患者，可能有多种类型的精神病理，具有不同类型的人格组织。1953年，一些著名的精神分析师（其中包括安娜·弗洛伊德[1]）曾一起商讨过"精神分析范围的扩展"（A. Freud，1954；Jacobson，1954；Stone，1954；Weigert，1954）。在讨

---

[1] 安娜·弗洛伊德（Anna Freud，1895—1982），奥地利裔英国精神分析师，出生于奥地利维也纳，是弗洛伊德的第六个孩子，也是其最小的孩子。她是精神分析自我心理学的代表人物，对自我防御机制的理论颇有贡献。她与梅兰妮·克莱因都被认为是精神分析儿童心理学的创始人。——译者注

论之中，安娜·弗洛伊德向众人发问："假设有这么六个年轻人，他们都有着美好的前程，只是在享受生活和自我效能方面受到了相对温和的神经症之扰动；还有一个人是边缘性的个案，仅仅是那么一个人，也许，他能够被我们挽救，但是，也有可能，他的余生都要在福利机构度过。如果分析师可以选择的话，他们是会让那六个年轻人恢复健康，还是会花费同样多的时间、遭遇同样大的困难、付出同等程度的努力，去帮助那一个边缘性的个案呢？他们该如何选择呢？"（A. Freud，1954，pp.610-611）。安娜·弗洛伊德倾向于去治疗神经症患者，而不是苦苦挣扎于新的技术难题之中。而如今，在精神分析师和精神分析取向治疗师的办公室里，随处可见那些所谓自恋型和边缘性人格组织的患者。

自二十世纪八十年代中期起，精神分析已然开始面临利奥·兰盖尔[1]（2002）所说的"多元主义（pluralism）的生长"（p.1118）。其实，即便是在弗洛伊德的时代，也总是有着不同的精神分析学派，但是我们现在面临的可能是太多的学派，或者说，我们感觉到，它们之间的竞争已经成为精神分析团体内部的一种争斗。每一种新的"学派"和趋势都有其具有代表性的精神分析师。阿诺德·库珀[2]

---

[1] 利奥·兰盖尔（Leo Rangell，1913—2011），美国精神分析师，曾任加利福尼亚大学精神病学临床教授，曾两次担任国际精神分析协会和美国精神分析协会主席，并于1997年被授予"荣誉主席"称号。利奥·兰盖尔的主要著作有：《水门的思考》（1980）、《理论的一生》（2004）和《精神分析理论的整合之路》（2006）等。——译者注

[2] 阿诺德·库珀（Arnold Cooper，1923—2011），威尔·康奈尔医学院和佩恩·惠特尼精神诊所的荣誉退休精神病学教授，曾任哥伦比亚大学精神分析培训和研究中心的督导和培训分析师。库珀因其对自恋和受虐之间相互关系的阐述而闻名，曾任美国精神分析协会主席，著有《美国精神分析的秘密革命》（2005）。——译者注

（2006）潜心收集他们的观点，以及他们留给批判者们的印象，并出版了具有权威性的报告。我们看到，即便是那些关键的精神分析概念都在受到质疑和捍卫。这里便有一个例证：弗洛伊德（1914）认为，压抑理论是一块基石，支撑着精神分析的整个理论结构，而彼得·福纳吉[1]（1999）挑战了这个观点。福纳吉认为，精神分析师不应当再致力于挖掘那些被掩埋的过去，以图带它们重见光明。他认为，精神分析的技术不应当聚焦于"考古学的隐喻"（p.220）；相反，精神分析师应当仅仅依靠当下的移情来开展工作。据他的观点，如果精神分析师想要获悉"患者的内心正在发生些什么，他们可能遭遇了什么样的事情，唯一的方法就是去了解他们到底是如何以移情的方式与我们共处的"（p.217）。哈罗德·布拉姆[2]（2003）对福纳吉的论断发出了强烈的质疑。布拉姆认为，"脱离患者的生活故事，包括他们所受的教育、家庭和文化，以及他们的性格，移情是无法被充分理解的，反之亦然"（p.498）。

在过去的几十年间，我在不同的国家与新一代的精神分析师们一同工作，我时常注意到，他们总会投身到这种或那种精神分析学派的思想之中，他们之间那种固执的"竞争"让我感到困惑。新出

---

[1] 彼得·福纳吉（Peter Fonagy，1952—　），匈牙利裔英国精神分析师，现任伦敦学院大学当代精神分析和发展科学教授，英国精神分析协会理事会成员、培训和督导分析师，他的临床兴趣主要集中于边缘型精神病理学、暴力和早期依恋关系等，致力于将实证研究与精神分析理论整合，著有《依恋、自体的发展及其在人格障碍中的病理》（1996）、《依恋理论与精神分析》（2001）和《边缘性人格障碍的心理治疗：以心智化为基础的治疗》（2004）等。——译者注

[2] 哈罗德·布拉姆（Harold Blum，1930—　），纽约大学医学院精神分析研究所精神病学临床教授、督导和培训分析师，西格蒙德·弗洛伊德档案馆的执行主管，美国精神分析协会杂志编辑，著有《女性心理学：当代精神分析的观点》（1977）、《防御与阻抗：历史的观点与当前的概念》（1985）和《精神分析之中的重建：童年的重现与再造》（1994）等。——译者注

现的这种"多元主义的生长"，有它的益处，也存在着隐患。我觉得，质疑某些经典的假设，引入某些新的方式来理解人类的心理，这是一个循序渐进的过程。然而，这种新的"多元主义的生长"有时在支持一种抵抗的力量，阻止我们去深入考察潜意识的材料。我开始觉得，让富有经验的精神分析师详尽地、由始至终地叙述精神分析的整个过程，这是很有必要的，可以说明他们如何觉察精神分析的概念，如何在他们办公室的沙发上面分析人们，而同时又将其背后所运用的多种精神分析学派的理论和技术术语不加隐藏地展示出来。

在本书中，我将会由始至终地呈现精神分析的故事。在讲述这些精神分析故事的同时，我还会写下我的所思所想，因为当我倾听着受分析者的同时，也在观察着分析的过程。我希望，这种方法可以令学生和教师更能聚焦于如何去看待临床资料，如何以心理动力学的方式理解这些资料，以及如何以治疗性的方式作出回应。教师可以有机会将他们自己实施精神分析治疗的方法与本书描述的方法进行比较。学生则可以学习质疑我或者他们自己实施精神分析的方式。

不同的个体可能会有不同类型的人格组织，其潜意识幻想也会有各种各样的类型，本书所涉的内容便是：当我们面对不同的个体时，应当采用怎样的精神分析技术。我会根据个体的临床表现和不同类型内在结构，详细地说明分析过程中所做的技术调整。本书的第一个案例，其人格组织处于神经症水平。

本书的其他个案则有着更为复杂的问题，或者说，他们的人格组织处于更低的水平。读者可能会发现，我支持哈罗德·布拉姆（2003）的上述观点。我会尽可能地试着去了解受分析者（患者）的生活故事，包括他们接受的教育、家庭环境以及不寻常的童年事件等，以期更好地理解移情以及反移情的发展。在本书中，我也会详述文化、宗教、历史事件、潜意识幻想以及代际传递（transgenerational transmissions）等因素对个体内在世界的形成以及分析历程的影响。我会尤其关注外部事件和内部事件的相互影响。

虽然，每一位分析师都有不同的工作方式，这也是预料之中的，但我们在这条道路上行走的大致方向必须是一致的。我们必须仔细地审视我们与患者行走的道路，并对自身在技术方面的考量做出理论性的解释。若我呈现自己的临床资料以及技术资料能为比较与讨论开辟一条道路，我将深感欣慰。

第二章　剑客之战

我将本章的主人公称作盖博[1]。他前来接受我的分析，已经是四十多年前的事情了。当时，他刚刚二十四岁，正在大学里面攻读英语语言文学。他有着整合的自体意象、良好的现实检验能力。在与别人的关系中，他存在着矛盾心理，而对于这些矛盾，他在某种程度上也是可以忍受的。在成长期间，他没有遭受过现实的、极端的童年创伤，因而，唤起他焦虑的主要内容都是幻想。他主要的冲突属于俄狄浦斯的类型。他有着神经症性的人格组织。我会详细阐述盖博潜意识之中的阉割幻想，以及他对此产生的主要反应。我会描述他最终发展出的可充分工作的移情神经症（transference neurosis）、修通以及俄狄浦斯冲突的解决。

盖博的父亲是美国军方的高级官员，就在盖博来找我的两年之

---

[1] 盖博这个名字的英文"Gable"，有"三角墙"之意，暗指俄狄浦斯情结。——译者注

前，他父亲接到军队指派的任务，与盖博的母亲以及妹妹一起移居到了国外。在此期间，该国并没有发生武装冲突，盖博的家人也没有遭遇危险。父母和妹妹不在美国的两年期间，盖博留了下来，在大学读书。家人出国的第一年圣诞节，盖博和家人有过一次短暂的会面。他和其他五位同学合租了一套房子，他自己住在其中的一个小房间里面。由于出众的外表、迷人的微笑以及对运动的热爱，盖博很受女孩子们的欢迎，尽管如此，他却将自己描述为一个相当羞怯的人。

家人出国的第二年，盖博开始与一位漂亮的女士频繁约会，这位女士比他小一岁。很快，这位女士主动提出要与他结婚。他接受了她的提议，两人在一座私人小教堂举办了婚礼。这位女士在律师事务所做秘书，凭着她的薪水，他们找到了一家地下公寓，租金在他们的支付能力范围之内。最为有趣的是，关于自己已经结婚的事情，盖博对自己的父母和妹妹是保密的。虽然他会和家人通信，但几乎从来不打电话。（这些事情发生在四十多年前，那时候现代通信还没有发展起来。）有一天，他收到一封电报，得知父母和妹妹已经踏上了归途。对盖博来说，保守结婚的秘密已然成为不可能的事。父母和妹妹返乡的日期日益临近，盖博的焦虑也在不断地增加着。

家人抵达之日的两周之前，盖博一边打篮球，一边满脑子想着这样的情形：他面对自己的父亲，告诉这位老人，他的儿子已经是一位已婚人士了。他持着球，晃过对方的一位球员，跳起身来投篮，但是没能投进。当他意识到自己并未"得分"时，他感到自己"心脏病发作"了，便直奔医院。但是，心脏检查却显示他并没有生理方面的问题，他便被介绍到我这里来，说他患有"心脏神经症"。

在初诊会谈当中，他说："因为我已经结婚了，所以父亲就会知道我已经与一位女士有了性关系。"显然，这使他感到非常焦虑。他还告诉我，如果他在晚上十一点之后出现了性唤起，他就会非常焦虑，所以，他从未在晚上十一点之后有过任何性行为。据盖博所说，他的父母都是正派且善良的人。盖博从未遭受过身体上的虐待，他甚至想不起父亲吼他的情景。尽管如此，他却说，自童年时期起，他便无法与父亲单独待在一个房间里面，他害怕父亲。

我了解到，盖博出生的时候，他的父亲就已经在军队服役了。在盖博三岁半之前，他们一家人一起生活在美国的一个军营里面。之后，他的父亲因为军事任务而被派往关岛，并在那里待了一年多一点的时间。父亲不在家的时候，盖博与母亲一起睡在父母的床上，他觉得自己成了母亲的"心肝宝贝"。"我妈妈把我宠坏了，"他说，"无论什么时候，只要我想吃薯条，她都会给我。"

我一直将自己写作这本书的目的牢记于心，我会将自己在分析过程中脑海里面发生的事情一并写出来。当然，我有很多的想法，其实并没有跟盖博分享。我会等待一个合适的时机，然后再提出我对他的问题的概念化理解，从而引发我们的共同关注。听着盖博前来接受分析的故事，我想象着，他没能进球的事，就好像是一场梦。我推断，盖博没能"得分"的经历，就好像一次自我阉割。我想，在带着自己的秘密（这个秘密就是，他一直在将自己的阴茎当作性器官来使用）面对父亲之前，他进行了防御性的自我阉割，并且出现了"心脏病发作"。这时候，我还不知道盖博为什么在十一点之后就不会再有性活动，但是我想象着，这也与他的阉割幻想有关。我突然想到，父亲不在家的那些日子，盖博是与母亲睡在一起的。也许正是这一点，使他受困于俄狄浦斯的议题。在初诊访谈期间，我也的确了解到，父亲从海外返家之后（当时盖博还只是个小男孩），他的母亲便怀上了他的妹妹。他并未谈及兄妹之间存在着任何恶性的竞争，但是，我感到他与自己的妹妹并不亲近。虽然他们之间很友好，但在成长的过程中，他们似乎各有各的生活和朋友。

保守秘密以及忍受焦虑发作，让盖博感到精疲力竭，因此，他似乎非常愿意接受分析。在初诊会谈之后，我根据他给我留下的最初印象和自己的直觉，接受了他作为受分析者的身份。那时候，我在弗吉尼亚大学医院工作，所以，我将盖博列为低收费患者，这对我的经济状况并没有什么影响。我们安排了每周四次的分析，他的分析在两周之后正式开始。事实上，盖博开始接受分析的日子，就是父母及妹妹回家的前一天。我给他做了一些常规的指导：躺在我的沙发上，告诉我脑海中出现的一切，以及他体验到的一切身体感受。

连结性诠释或预备性诠释

两周之前，盖博的形象还是一个典型的大学生模样，但是，在第一次分析的时候，盖博的样子却发生了很大的变化。他穿着一条蓝领工人常穿的那种短裤，裸露出来的胳臂上面沾满了灰尘。他说，在初诊会谈之后，他就立即离开学校，在一个修路工队里面找到了一份工作。他看起来像是一个"有男子气概的人"，可以随时修理任何一个对手。我想，盖博正在体验一种所谓对抗恐惧（counter-phobic）

的现象，这是为了让他自己在第二天能够以已婚男性的身份面对自己的父亲。由于我们还没有建立治疗联盟，而且我们还没有一起收集他内心世界的资料，盖博的内心可能存在着对抗恐惧的防御机制，但我还不想触碰这一部分，因此，我什么都没有说。我的任务是在漫长的时间里面逐步分析他的内在世界，我觉得，如果现在就去谈论他面对父亲时感到的焦虑，未免操之过急。当然，我也不会给他任何建议，教他如何去面对这位老人。

两天之后，盖博前来接受第二次分析。他告诉我说，他已经把自己的妻子介绍给了父母。他们很惊讶，但是并没有生气。据盖博所说，他们与她相处得很好。我觉得，盖博的妻子，实际上是一个聪明且温柔的人。盖博的父母认为，他们的儿子成了一名工人，是因为他手头缺钱，所以，他们告诉儿子不要担心钱的问题，因为，只要他需要，父母都会在经济上支持他和妻子。父母双方都表达了自己的愿望，希望儿子能够重返大学校园。盖博并没有把自己焦虑发作的情况告诉父母，也没有说自己已经开始接受精神分析治疗。他仍避免与父亲单独待在一起。

盖博前来接受第二次分析的时候，他的父母和妹妹已经离开了他们原来生活的城镇，准备前往另外一个城市定居。而盖博看起来还是像一个努力工作、肌肉发达的工人。有趣的是，他腿上出现了一道巨大而崭新的伤口，他甚至都不费神用绷带包扎一下。我感到，当他以一个"有男子气概的人"来面对父亲的时候，他也表现出了一种新的自我阉割。同样，由于我们之间尚未建立治疗联盟，所以，我并没有"解释"盖博可能存在的自我阉割。过早的解释工作不利于促进我们对患者的心灵产生好奇，而好奇，却有助于我们缓慢但系统地考察患者的内在世界。盖博提到，修路是一份很辛苦的工作，常常会发生意外，就像他腿上的伤口一样。我想，他正在伤口（自我阉割）和男子气概（对抗恐惧的反应）之间寻找着平衡。盖博的精神分析开始了，我把这个开端比作新路之旅，但我同时也满腹狐疑，我觉得，他前来接受我的分析，同时又寻找了一份修路的工作，这两者之间也许存在着某种连结。我说，如果我没猜错，他或许是在以某种象征的方式告诉我：他不仅在身体层面做好了准备，也在精神层面做好了准备。我这是在进行"连结性诠释"（linking interpretation）。

彼得·乔瓦切尼[1]（1969，1972）首次描述了连结性诠释，后来，我又对这个概念进行了一些扩展（Volkan，1976，1987，2012，2015a）。乔瓦切尼关于连结性诠释的阐述，基于弗洛伊德（1900）提出的一个概念，也就是梦的日间残留（day residue）。所谓日间残留，指的是现实生活当中那些无足轻重的印象（比如，看到一辆警车正在高速路上追逐一辆超速的汽车，或者路过一个广告牌，看到上面画着一个微笑的女性正手握一只奶瓶），会掺杂到婴幼儿的攻击性愿望或性愿望之中，成为梦的内容。乔瓦切尼将弗洛伊德对日间残留的理解运用到了临床中，他说："通过将日常残留的内容纳入讨论，诠释也许可以形成一种偶然的连结。日常残留可以刺激患者的联想，使之发生流动，或者引发某些行为，而这些行为在其他情况之下是

---

[1] 彼得·乔瓦切尼（Peter Giovacchini，1922—2004），医学博士，美国著名精神病学家和精神分析师，毕业于芝加哥大学医学院，伊利诺伊大学荣誉退休教授，著有《精神分裂症性、边缘性和性格障碍的精神分析治疗》（1967）。——译者注

无法解释的"（Giovacchini，1969，p.180）。

连结性诠释的概念与鲁道夫·罗文斯坦[1]（1951，1958）关于预备性诠释的说法有点类似。连结性诠释指明的是某个外部事件对患者内心世界的影响，并且可以激发患者的好奇心，让他们想要去探索外部事件和内在心理过程之间的相互作用。与此相对的是，预备性诠释主要聚焦于患者内在世界的某些内容如何激发患者的行为，在一定的情形之下，患者的这些行为既是可以被预料的，相互之间又具有相似性。分析师会对内在的现象进行命名，但究竟是什么导致了这些现象，分析师却并不进行深入的研究。例如，分析师注意到，某位患者一直在试图回避竞争。分析师便提示说，患者被束缚在某种潜意识的竞争之中，而这就表现为他对竞争的回避。分析师将患者的行为与他内在的动机联系了起来，以此唤起患者的好奇心：究竟是什么激发了这样的模式和内在现象。

似乎，连结性诠释描述的是外部对内部的影响，然而，**预备性诠释**反映的是内部对外部的影响。连结性诠释和预备性诠释的作用都是使患者产生好奇，并发展出工作性的关系。这种交流，会使受分析者更具心理学头脑，也为观察他们自己的心理过程做好了准备，同时，又不会产生过度的焦虑或阻抗。之后，受分析者便更能产出敏感的材料。

---

[1] 鲁道夫·罗文斯坦（Rudolph Loewenstein，1898—1976），波兰籍犹太人，因躲避反犹太主义而迁往苏黎世，罗文斯坦是法国精神分析协会的创建者和重要领袖，他曾担任国际精神分析协会的副主席。他和恩斯特·克里斯以及海因茨·哈特曼被认为是自我心理学最为重要的代表人物。他的著作包括《基督徒和犹太人：精神分析研究》（1951）、《精神分析：一种普遍的心理学》（1966）和《精神分析技术的实践和准则》（1982）。——译者注

接受分析的第一个月，盖博的手臂和腿部开始出现越来越多的伤口和淤青。我感觉到，这些伤口就像是他在呼喊："我已经被割伤了！你（分析师）就不必再来割伤我了。"盖博正在发展出一种移情表现（transference manifestation），将我当作一个阉割性的父亲。移情表现，尚不是可以开展针对性治疗的移情神经症。我想，如果此时便强迫盖博在分析中就他的自我阉割开展工作，以"修通"他的问题，或者问他为何会遇到这么多的事故，这些做法都不会有什么成效。他并不知道答案，因为他的行为是被潜意识的源泉所策动的。因此，我并没有提问，只是等待着。对于神经症性人格组织的患者，在分析的这个阶段，分析师需要培养自己的好奇心，关注患者在分析师的办公室中揭示出来的深层含义，并且注意去发展治疗性的关系。

第一个梦和童年的战争游戏

虽然我还没有鼓励他，但是盖博已经带着自己的第一个梦来到了分析会谈之中。在梦中，他与一位对手打乒乓球，但他们相互之间是不言不语的。我（还是在内心牢记着可能的连结性诠释或预备性诠释），说到当初感觉到焦虑的时候，盖博正在打篮球，而正是这一点使他前来寻求分析的，现在，他梦到自己参与了另外一种运动。我怀疑，存在着这样一种可能性：在盖博的心灵深处，他可能将我们的分析工作也体验为一场体育赛事，或者对手之间的一场竞争。我补充说："在你的梦中，对手之间是不言不语的。在你的会谈里面，我们的目标就是让'对手'之间变得越来越了解彼此。如果你让自己

的想法流淌起来，让我能够了解你，反过来，你也就找到了一种方法，从而可以了解我了。"

关于他是否应该继续从事他新找的这份工作，我没有发表哪怕只言片语的评论，但是，在他接受分析的第二个月，盖博便放弃了修路的工作，回到学校，重新成了一名全日制大学生，回归了自己的角色。我想，他的父亲从海外归来，以及他开始接受分析，使得他的防御策略正在逐渐增强。但是，当他"听到"我说，他正在让我了解他，反过来他也正在了解我之后，他的这些防御策略，以及他那自我阉割和对抗恐惧的状态，都被他一并放弃了。

盖博决定，与其学习英语语言文学，不如学习城市规划。这个专业会研究地图，思索道路、公园、下水道线路和水管的重新规划，等等。我觉得，盖博正准备重新规划自己的内在世界。有趣的是，盖博回忆起来，当他还是一个孩子的时候，他独自玩的游戏里面就包含着类似的活动。父亲第一次长期在外服役期间，小盖博会走到浴室，使用一些小毯子制造一些岛屿。他会用两组玩具士兵（"好的"一方和"坏的"一方）玩战争游戏，争夺那些岛屿的控制权。因为他的父亲是军人，又被派往了关岛，所以，盖博选择去玩争夺岛屿控制权的战争游戏，其实也不是一件令人惊讶的事情。在他的战争游戏里面，获胜的是"坏"士兵，"好"士兵向"坏"的一方举手投降，然后，"坏"士兵便统治了所有岛屿。

自安娜·弗洛伊德（1936）开始，我们便获悉了"向攻击者认同"这个防御机制的重要性。在盖博的战争游戏里面，他一次又一次地允许攻击者赢得战争，统治那些岛屿。男孩首先会向自己的父亲/攻击者投降，然后认同他，以巩固自己的超我，而实际上也巩固了自己整个的内在结构。听到他童年的战争游戏，我想知道，盖博是否依然身处当时的困境，也就是向自己心中那个危险的父亲投降。我想，当他处于俄狄浦斯期的时候，父亲有长达一年的时间都不在他的身边，这使他无法与真实的父亲发生联系，也无法去了解父亲，从而无法解决自己的俄狄浦斯问题。因此，我继续想到，也许正是由于这个原因，他才会变得如此自我阉割、对抗恐惧或者使用过度的回避。我想起来，他曾经说过，他是如何回避与父亲单独待在一个房间里面。这时，在我的想象之中，盖博的父亲是一位苛刻而严厉的军人。

　　盖博聚精会神地讲述着自己童年的战争游戏，巨细靡遗。几周之后，他发展出了一个白日梦。在他的白日梦中，他是一个站在山顶的武士。一个"外国人"想要占领他的山峰，而盖博准备誓死捍卫。我感到，盖博再一次将自己的俄狄浦斯抗争以移情的方式带入了分析，事实上这是因为，我移居美国的时候已经是一个青年人了，所以，我讲英语的时候是带着一种口音的：我就是盖博白日梦里面的那个"外国人"。听盖博讲述着他的白日梦，我也在心里把他所说的那个山峰给视觉化了，我看到，它是一个胸部的形状。当我要他描述白日梦中的那座山峰时，他将这座山比作夏洛茨维尔地区（我们都住在这里）的一座山，这更证实了我的猜想。我想，盖博正在保卫自己在他母亲胸部的位置（既是口欲的，也是性欲的），抵抗着"外国"分析师/身为军人的父亲。

　　我在想，是否应该把我目前对他移情表现的理解都告诉盖博，但是，我又觉得他还没有准备好"听"我的观点，并对其开展工作。

我相信，这样的诠释可能会再度恶化盖博对抗恐惧的行为，或者加剧他针对我采取的回避机制。分析师并不会在每一次会谈里面都按照真实的意义进行深度的诠释。分析师做出诠释时所说的那些话语，涉及患者的某些心理内容及其相关的情感，其含义在此之前都是未被患者所知晓的，因而，分析师会等待时机，这个时机就是当影射与影射之物之间的距离达到最小值的时候，就是当分析师感到患者已经准备好听那些话语的时候。有时候，分析师会发出"嗯！嗯！"的声音，这本身就是一个重要的诠释，它表示，分析师接受了患者对自己的心理冲突所做出的新的理解。我告诉我的学生，分析具有神经症性人格组织的个体时，我常常会在一年的时间里面做出很多这样"真实"的诠释，我的学生常常都会感到很惊讶。诠释，就像是一部巨著当中某一章节的尾声，而这部巨著里面，还有很多其他的章节在等着我们去阅读。读完这整部书，才叫作**修通**。

我想，首先，我需要与盖博一起去探索，他为何会带着焦虑唤起的预期，固着在俄狄浦斯期这个向攻击者认同的阶段里面。我知道，当他还是一个俄狄浦斯期的男孩时，父亲不在家，盖博便会与母亲睡在同一张床上。我对盖博说："你的白日梦，就是你站在山峰上面抵抗外国入侵者的那个白日梦，在很大程度上就像是你小时候玩的那个好士兵和坏士兵游戏，不过这是一个新的版本。我记得，你告诉过我，当父亲身在关岛的时候，你很着迷于战争游戏。父亲在军队，所以，也许你想通过自己的这些游戏来试着记住他。我想知道，当身为军人的父亲长时间不在家的时候，这个小男孩到底在想些什么呢？"

盖博开始告诉我，父亲不在家的时候，他会想象自己与"坏人"

打架。小时候，他会看电视里面的牛仔秀，他所说的那些坏人很像节目里面的那些牛仔。很快，他已经准备好提供更有价值的信息了。他描述了一段记忆，那时候的他还只是一个小男孩，父亲尚远在关岛。盖博拉着母亲的手，在火车站等着爸爸的火车到来。火车到了，慢慢地减速，最后停了下来。他并不记得自己看到父亲时的情景。他记着的是那一天的色彩。一切都很明亮，晃得他睁不开眼睛，他就好像变瞎了一样。说完这段话，躺在沙发上面的盖博开始按摩自己的眼睛，就好像那明亮的色彩正在"晃瞎"他的眼睛，正如孩提时代正等着迎接父亲归来时的情形。我想，盖博向我讲述的其实就是俄狄浦斯的故事，不过，这是一个变异的版本。在这个著名的神话故事里，俄狄浦斯的确弄瞎了自己的眼睛。我再一次得出了结论：在孩提时代，他害怕自己会被父亲"弄瞎"/阉割。我在心里想到了这些内容，但并没有告诉他。我没有诠释他的内心冲突，而是做了一个连结性诠释。

盖博小时候在火车站留下的记忆，和他在二十四岁时得知父亲马上就要回来而"心脏病发作"，这两者之间有着直接的连结。我说："几周以前，你在父亲回家之前出现了很强烈的情绪反应，在你小的时候，这个情况似乎有着另外一个版本。如果我们继续就你童年的故事进行讨论，我们可能就会明白，当你的父亲突然出现在你的生活之中时，到底是什么使你变得那么情绪化。"对于我提出的建议，盖博的反应是不错的。

父亲远在关岛的时候，小盖博和他的妈妈住在军事基地外面的一所房子里。当父亲返回家中，他们没有再住回到基地里面去，而是继续待在这所房子里面。这期间，盖博有了自己的卧室，这个房间与父母的卧室之间隔了一条走廊。他记得，父亲回来之后不久，小盖博出现了一个症状：害怕巫婆。我敢说，某个晚上，父母卧室里面传出来的声音惊醒了他，之后，他便发展出了儿童神经症（已经成年的盖博躺在沙发上，意识到这个声音应该是父母在发生性行为）。惊醒之后，盖博就开始喊妈妈。他记得妈妈说，他应该回到床上继续睡觉，因为时间已经很晚了，已经晚上十一点了。对我来说，盖博的这段记忆到底有没有在现实之中发生，这并不重要，因为，盖博报告的是一个心理事实。他认为，正是在这件事情之后，他开始出现童年期的惊恐发作，并开始在晚上害怕"巫婆"。我提醒盖博，作为一个已婚人士，他在晚上十一点之后从来不发生性行为。盖博认识到，这一点和他童年时期的神经症存在着连结，他被深深地震撼了。他躺在沙发上面，一言不发，直到会谈时间结束。我也没有打破他的沉默。这时候，我是一个"沉默的分析师"，我之所以这么做，是为了帮助他吸收自己了解到的内容。

儿童神经症

后半年的分析开始了，在一次会谈当中，盖博带来了下面这个梦：

我是一个躺在床上的小孩子，一个女人紧挨着我坐着，她正在给我梳头发。房间里面有烟味和香味（说到这里，盖博出现了一个口误，把"香味"说成了"乱伦"[1]）。窗户开着，但卧室的门是锁着的。这个门是用金属制成的，但是我知道，门外有一条巨蛇。

　　我没有利用盖博的口误，好把我的理解植入他的内心。这个口误，表现出他对俄狄浦斯母亲的渴望。我想，如果我建议盖博试着去探索自己的梦，对他来说可能会更好一些。盖博想起了以下的内容：母亲是抽烟的（在盖博的梦中，房间里面充斥着烟味和香味，他通过一次口误，指向了乱伦）。在她的丈夫从太平洋上的岛屿归来不久，她便怀上了盖博的妹妹。盖博觉得爸爸是反对妈妈抽烟的，可能是因为她有孕在身，或者是因为她要给盖博的妹妹喂奶（或者两者兼而有之）。结果，她便养成了在午夜时分抽烟的习惯。根据盖博的记忆，她每晚都会来到他的房间，哄他入睡。然而，她会先锁上盖博卧室的房门，然后再坐在他床上，点燃一根香烟。当她摸着儿子的头发（在他的梦中，通过移置的作用，这个行为变成了一个女人在给他梳头发）哄他入睡的时候，她会说："嘘，嘘，我亲爱的！不要告诉你的父亲我们在这里做什么。这（她指的是抽烟）是我们的秘密。"她还会打开卧室的窗户，好让烟味散去。

　　塞缪尔·诺维[2]（1968）使用**回望**（second look）这个术语描述受分析者审查过去（比如，回到儿时的家中或者其他重要的场所），

[1] 在英语中，香味是"incense"，乱伦是"incest"，两个单词的发音是非常相近的。盖博在报告梦的时候出现了口误，把"房间里面有香味"，说成了"房间里面有乱伦"。

[2] 塞缪尔·诺维（Samuel Novey, 1911—1967），美国著名精神病学家和精神分析师，著有《回望：精神病学和精神分析个人史的重建》（1968）。——译者注

对心理事实与现实进行比较的尝试。类似地，随着分析的进展，盖博自发地（未经我建议）询问了父母，确定了父亲不在家的日期，父母也就知道了他正在接受分析。我了解到，实际上，在盖博三岁至五岁这个时期，父亲都是不在家的。母亲在他床边秘密抽烟的事情显然是真的，但是，尽管如此，我们还是很难确定她是否有这种夜晚抽烟的习惯，或者说，其实她也许只是偶尔为之。重要的是，他的叙述所反映出来的心理群集（constellation）与他的梦是有联系的：他指向的是自己尚未得以解决的三角之火。母子两人共享一个"秘密"，而父亲则被锁在门外，这在小盖博身上潜在地引发了强烈的焦虑，而它的基础则是盖博（潜意识地）预想父亲会反对，甚至报复自己。母亲怀孕，生下了一个女儿，我想，这一点在孩童时期的盖博心里引发了强烈的嫉妒和内疚。这可能助长了他对父亲的恐惧，以及他想要成为母亲唯一所爱的强烈愿望。在盖博的梦中，他用金属打造了卧室那扇锁起来的房门。我想，这反映出他极度的回避防御，他想让父亲的形象／蛇远离自己。不过，如果不小心的话，他还是会遇到危险的。

　　在会谈之中，我很容易便发现，成年盖博的生活故事与他童年的"秘密"是相互关联的。我将这些关联分享给了盖博（连结性诠释），慢慢地，他开始与我一同寻找这些关联。比如，青少年时期的盖博还住在父母的家中，无法与任何女孩公开约会，它需要"秘密"地进行。约会之夜，他会锁上卧室门，打开窗户（就像母亲抽烟的时候会打开窗户一样），跳到外面去，跟某个女孩见面约会，最后再原路返回。他的婚姻也类似于一个"秘密"，在家人回国之前，父母和妹妹对此均不知情，尤其是父亲。高中的时候，他与男老师之间的关系使他的生活过得很艰难。工作之后，他与男领导的关系也不好，他觉得他们会伤害自己，并因此感到焦虑。他觉得，即便他们不会在身体上伤害他，也会以羞辱的方式在情感上伤害他。

在盖博的分析之中，有一个重复的梦一直贯穿始终：在梦中，他是一个男孩，穿着牛仔套装，带着一支枪。当他走在原野上的时候，他注意到一个大"坏"牛仔正朝他走来。在这些**重复梦**之中，他有时候会很害怕那个大牛仔，便扭头朝着一间屋子跑去，并将自己反锁在里面。在其他一些梦中，他会试着朝那个大牛仔开枪，但是，哎呀，从他的枪里面射出来的子弹，却都是些无害的橡胶子弹。这时候，梦中的他被一个想法给吓呆了，那就是：这个坏牛仔会向他回击，而且他使用的是真正的子弹，然后，他就会在焦虑中醒来。随着我们的工作不断进行，盖博开始能够自在地谈论那个坏牛仔，说他代表着父亲的意象。他也理解了自己对父亲意象的回避（逃入一间屋子，把门牢牢锁住）、他的自我阉割以及他在分析伊始向攻击者的认同，他明白这些全部都是防御，以防自己不得不面对这些年长的男性（他的坏意象）。

在盖博的故事之中，那些相似的主题贯穿其始终。我希望，我在这一方面已经提供了足够的资料：发展过程中所历经的那些岁月、成人期的历史、梦、白日梦以及移情表现，这些已经足以让我们对他主要的内心冲突形成一个坚实的解析，也就是一个俄狄浦斯的解析。接下来，我会提供更多的资料，来详述他的移情性神经症，以及通过多种修通方式解决这些问题的过程。在我提供的这些资料之中，还

包含着"治疗性戏剧"。**治疗性戏剧**（therapeutic play）这个术语，我用于描述患者在分析师办公室内外所发生的行为，而这些行为反映出来的故事便是患者关键的内心冲突，其中还包含着他们潜意识的幻想。治疗性戏剧是移情神经症的具体表现形式。受分析者发展出了新的自我功能，最终得以用一种崭新而又更具适应性的方式终结这个故事（Volkan，1987，2004，2012，2015a）。读者应当不难想象，盖博有时候也会表现出其他类型的内心冲突，比如，与母亲在心理上分离以及同胞竞争，等等。然而，针对典型的神经症患者，为了详细说明治疗的焦点，我会主要聚焦于他的俄狄浦斯议题，以及如何最终解决它们。

火山之下

在盖博的重复梦中，我多次感觉到，他好像在把我关联为那个大牛仔或者父亲。在第一年的分析快要结束的时候，他的这种移情表现开始变得"火热"了起来。盖博之前学习的专业是英语语言文学，那时候，他几乎在每次会谈当中都会谈到马尔科姆·劳里[1]。我是在塞浦路斯出生的土耳其人，在土耳其的医学院毕业之后才移居美国，因此，当我在四十年前分析盖博的时候，对英语文学并不大熟悉。其实，我直到现在也还是不怎么熟悉。我只是略有耳闻，有那么

---

[1] 马尔科姆·劳里（Malcolm Lowry，1909—1957），英国诗人和小说家，他的著名小说《火山之下》（1947）在美国现代图书馆"二十世纪一百部最佳英文小说"中排第十一位。被约翰·休斯顿于1984年拍成电影，并获得广泛关注。——译者注

一位名叫马尔科姆·劳里的作家。当盖博在会谈之中一次又一次地讲述着自己如何沉浸在劳里的作品当中时，我脑海中出现了一个稍纵即逝的念头：好像我是无知的。我自己保留着这个想法，因为，在最初，我并不知道自己这个想法的全部含义。盖博不断地向我说着马尔科姆如何写出了二十世纪最为伟大的作品之一，但是，他却不说这部作品的名字。当我意识到自己并不知道这本书的名字时，我就开始越加知晓盖博究竟是如何在拐弯抹角而又秘密地攻击、打击和伤害我。

尽管我很好奇，但我还是决定不要在这个时候探索和劳里有关的问题。我想，如果我马上就去了解这位作家，就是在拒绝盖博对我造成伤害。我并不愿意毁掉我们之间正在发生的事情。然后，我发现，我正想着自己相对于盖博的"优越之处"："即使我不知道马尔科姆·劳里是谁，但很清楚盖博的秘密尝试，那就是，他想把我击倒。因此，我比他更为优越，因为他根本不知道我明了了些什么"！一方面，在盖博的重复梦之中，出现了小牛仔和大牛仔；另一方面，在会谈之中，我们又成了"小"患者和"大"分析师。在内心里面，我在这两者之间画上了平行线。了解到这一点，我感到很高兴，因为盖博梦中的故事在我们之间以修正的方式成真了：小牛仔可以拐弯抹角而又秘密地伤害大牛仔！我想，如果我去"诠释"这一点，就会像用真正的弹药朝小牛仔射击一样，而小牛仔却只有橡胶子弹，他只会再次陷入无助。

我等待着，看看会发生什么进展，直到可被工作的移情—反移情故事得以发展出来。小牛仔继续秘密地射击着大牛仔，沙发上的

他也变得越来越焦虑，直到有一天，他说出了劳里最著名作品的名字——《火山之下》，并以此方式实现了"自我阉割"。我并没有急着告诉盖博，我的名字沃尔肯（Volkan），也是火山的意思[1]。我"知道"，盖博在潜意识层面"知道"他在用自己的自体意象向分析师的自体意象投降。这个故事反映出，盖博固着在俄狄浦斯的发展阶段，在这个时期，男孩会在认同父亲之前向父亲投降。在一次又一次的会谈中，这个故事被重复地讲述着。有时，盖博会试着秘密地向我射击；有时，他焦虑得动弹不得，担心我会报复他。这种情况持续了数月，直到我有了一种直觉，我感觉到他自己在努力地挣扎着。然后，我将我们之间发生的事情进行言语化。我相信，如果我过早地做出诠释，盖博将无法与自身的固着开展斗争，因此，他也将没有机会开展工作，并最终掌控自己的阉割幻想。

另一个乒乓球比赛之梦

我和盖博之间那场关于"火山之下"的互动发生后不久，第二年的分析开始了。在最开始的那几个月，盖博做了一个令人难忘的梦：

我在一幢楼的第四层（在现实中，我的办公室正好位于四楼）。我与一个灰色头发的人待在一个房间里面（我的头发正是灰色的）。

---

[1] 在英文中，分析师的名字"Volkan"和火山"Volcano"的发音是很相近的。

我来到窗前，向下望去，我看到在楼下的街道上有一个小男孩，他紧紧地抓着母亲的手。上面的某个地方掉下来一些玻璃碎片，这些碎片割到了他的眼睛，让他变瞎了。目睹这个男孩身上发生的事情之后，我慢慢地离开了窗边，开始面对着那个灰色头发的男人。房间里面出现了一张乒乓球桌，那个男人开始和我打乒乓球，但是我们的动作很慢。乒乓球的颜色是暗淡的。每当灰发男人接球的时候，他并不会将球打回给我，他总是将球握在他的手掌里面摩擦着。然后，他才会用球拍发球给我。每当这个男人把球握在他手掌里面的时候，球的颜色就会发生变化，变得明亮起来。就好像这个乒乓球是被暗淡的颜色所涂抹过的，而每当灰发男人手握乒乓球的时候，其实都是在将那些颜料摩擦掉。

　　谈到自己的梦，盖博知道，他就是那个小男孩，紧紧地拉着母亲的手，就像孩提时期的他，在火车站等着第一次漫长缺席之后的父亲返回美国。在火车站，盖博感到自己被明亮的色彩"晃瞎"了。我跟盖博一起考察这个梦可能会告诉我们的东西，关于他自己，也关于我和他之间的关系。我告诉他，当他还是个小男孩的时候，他不想失去自己作为母亲"心肝宝贝"的位置，不想看到父亲从火车里面出来，他希望这个老男人消失。而后，他害怕这个老男人的狂怒和惩罚，这就是为什么他回避着，不愿意与自己的父亲待在同一个房间里面。对于我说的这些话，盖博很容易就听进去了，因为在那个时候，关于他自己的童年和成人期历史、症状、白日梦以及他与我之间的斗争，他已经收集了足够多的资料，所以，他知道他的分析师所说

的话是有意义的。

我提醒盖博，在他接受分析之后的第一个梦中，他在乒乓球桌边上遇到了一位对手。那时候，这位对手是不说话的。这一次，这位对手与一些很重要的信息联系在了一起，他们之间正以某种方式发展出团结友爱的感觉。我补充道，在盖博当前的梦里面，他对这位对手的认同已经非常明显了：灰发男人代表着我。我告诉盖博："你感到我对英国文学了解不多，之后，你觉得自己赢过了我。但是，你之后又将自己置于我之下，也就是在火山之下，这就像一种自我惩罚。在某种意义上，在这个房间里面，你和我重复了你童年时期的愿望，也就是，你想超越你的父亲，拥有你的妈妈，而当你心里浮现出这些想法时，你会感觉到危险。在你的梦中，你看着楼下的街道，知道了是什么让孩提时期的你感到那么焦虑：在你的幻想中，你觉得自己会受到惩罚。在某种程度上，在你的梦里面，你是不是想要向这个孩子告别呢？这一次，你面向着我，站在乒乓球桌自己的那一侧，你把自己那暗淡的一面，或者说，你把那些让孩提时期的你感到焦虑的东西发送给了我。如果我想的内容是正确的，那么，这意味着你正在注意到，我可以忍受得住去握住你身上暗淡的那一部分，或者说，那些让你焦虑的部分，在我还给你之前，我可以将它们变得明亮起来。在这里，我们做了很多有效的工作。让我们继续吧！"盖博微笑着同意了我的说法。

听到盖博关于乒乓球的新梦，我想到了精神分析技术的元心理学。1934年，詹姆斯·斯特雷奇[1]曾经描述过相关内容，在他之后，很多其他的分析师又对其进行了修正和扩展。简单来说，元心理学的聚焦点，是分析工作中发生的外化—内化或投射—内射过程。分析师并不马上将受分析者的外化和投射返还给受分析者，而是通过分析师的分析立场，将其矫正，之后才交还给患者。根据斯特雷奇的说法，分析师成了一个辅助性的超我。这个过程，透过认同，改变了患者苛刻的超我。1956年，宝拉·海曼[2]追随着斯特雷奇，描述了分析师如何成为一个辅助性的自我。海曼让我们试着去想象，当婴儿第一次遇到某个新的客体（比如一只猫），婴儿会退回来，然后飞一般地回到母亲的怀抱。当母亲温柔地轻抚猫咪的脊背，向婴儿展示这是一个没有危险性的生物，婴儿便被母亲所激励，然后做出了同样的动作。盖博的梦正好反映出了海曼所描述的情形，也就是说，在母婴这一对二联体之间出现了一只猫。"辅助性超我"和"辅助性自我"这两个旧的术语将分析师看作一个新客体，后来，精神分析界开始使用**分析性内射**或**发展性客体**这样的术语（Loewald，1960；Cameron，1961；Giovacchini，1972；Kernberg，1975；Volkan，1976，2012，2014，2015b；Tähkä，1993；Volkan & Ast，1992，1994）。分析师

---

[1] 詹姆斯·斯特雷奇（James Strachey，1887—1967），英国精神分析师，西格蒙德·弗洛伊德作品的英文版译者，《西格蒙德·弗洛伊德英文标准版》的主编，他在《国际精神分析杂志》发表了三篇重要论文，分别是《关于阅读的某些无意识因素》（1930）、《神经症病因的诱发因素》（1931）以及他最重要的作品《精神分析技术行动的本质》（1934）。——译者注

[2] 宝拉·海曼（Paula Heimann，1899—1982），德国精神病学家和精神分析师，并成为梅兰妮·克莱因的亲密合作伙伴。1949年，宝拉在苏黎世精神分析大会上发表《关于反移情》，这篇论文导致她与克莱因小组产生了裂缝。她认为，治疗师对患者的情绪反应是重要的治疗工具，可以用于探索患者的无意识世界。——译者注

的"新"，指的并不是他们在真实世界里面的社会性存在（social existence），而是取决于分析师如何作为一个尚未被遭遇的客体（及其表征）而存在。患者与"新客体"的互动，与养育性的母婴关系是很类似的（Rapaport，1951；Ekstein，1966）。

在盖博的梦中，乒乓球在两个人之间来回弹动，而在我的心里，也反映出了这个过程。在这本书后面的部分，我会向读者展示，治疗那些人格组织水平较低的患者时，这种乒乓球的游戏会呈现得更加清晰。另一方面，如果患者具有神经症水平的人格组织，那么他们与分析师之间的外化—内化或者投射—内射过程就还在阴影之处，有时候会出现在梦中，就像盖博做的梦一样。我故意没有指出，在两个男性之间，"球"[1]可能具有性的意味。

在这个梦之后，我注意到，盖博正在成为他父亲的"朋友"。他和妻子拜访父母住所的时候，他发现阁楼上有一个木制的大箱子。他打开箱子的时候被"震惊"了。一直以来，他心目当中的父亲形象都是一个"武士"，但是大箱子里面的很多文件（这些文件来自父亲驻扎过的很多国外机构）都在赞扬父亲的"和平"工作。父亲的主要工作是，在大型的创伤之后，帮助人们修复被损坏的环境里面那些基础设施，建造房屋，等等。盖博认识到，通过学习城市规划，他认同了自己的"好"父亲，而事实上，他之前从未意识到这样的一种认同。我向他解释了这个认同。

盖博与父亲待在同一个房间时的恐惧感也消失了。他父亲已经

---

[1]　在英语中，"ball"这个词也有"睾丸"的意思。

从部队退役，周末的时候，他经常和盖博的母亲一道来看望自己的儿子和儿媳。这位退休的美国军官会和他的儿子去踢足球，两人都极其享受相互之间的默契配合。了解到他的父亲是如此和善，盖博非常惊讶，而我在很大程度上也是非常惊讶的。盖博的母亲和妹妹也很享受与盖博及其妻子一同相处的时光。

如同阿尔·卡彭般的分析师

慢慢地，盖博的父亲已经不再作为盖博童年时期那个邪恶而又具有阉割性的父亲形象而存在，但盖博指向我的移情神经症（他将可怕的父亲形象外化至分析师身上）却变得越来越火热了。这时候，盖博决定试着通过"做实验"的方式来克服阉割焦虑，他开始在晚上十一点之后与妻子有性生活。我并没有建议他这样去做，但是，他自己想要摆脱晚上十一点之后不能做爱的症状。然而，每当他在十一点之后性交完毕，他都会从床上跳下来，穿上衣服，来到客厅，打开窗户。他这么做的假设是：如果路过的人从窗户看进来，会觉得他刚刚并没有发生性行为；他们只是看到他在看电视，或者在做其他一些乏味的事情。他与妻子的性生活依然是一个秘密。

大家都还记得，盖博和他的妻子住在一个地下公寓里面，据他所说，如果有人从他家客厅的窗户看进来，是可以看到他们的。他描述着自己如何在性行为之后坐在电视机前面吃薯条。薯条，让我想起来，每当小盖博向他母亲要薯条吃的时候，她似乎总是会满足他的要求。如果人们看到的是一个"口欲"满足的成年盖博，就不会

觉得他是一个性欲满足的盖博了。我将自己的这个观察告诉了他。

接下来的几周，我都在一遍又一遍地听着他在晚上十一点之后走到客厅的故事，我开始觉得相当乏味。然而，有一天，我从我的无聊感里面变得完全"清醒"了起来。因为，盖博说："昨晚，我又与我妻子在十一点之后性交了。我们俩感觉都很好。她睡着了。我努力地想要舒舒服服地待在床上。但是，我不行，所以我做了常规的活动：走到客厅，打开窗户，坐在电视机前面，开了一包薯条。然后，我寻觅着，看着人们从我们的窗前走过。你知道，我无法看到他们全身，只能看到他们的腿和鞋子。然后，我就有了一个想法。如果你路过我们的公寓会怎样？如果你望下来，看见我在电视机前面，你还是会知道我刚刚有过性生活的。"说这些话的时候，沙发上的盖博开始变得非常焦虑。

我向盖博保证，我甚至都不知道他公寓的地址，在我介入这个发展性的"治疗性戏剧"之前，我在晚上十一点的时候已经睡熟了。如果我在此时再加以评论的话，对盖博便不够尊重了，因为他正在勇敢地尝试着，允许自己的移情神经症沸腾起来。在接下来的一次会谈中，盖博"确定"晚上十一点以后，我在他家附近游荡着，朝他的公寓里面看，想要看看他和妻子是不是正在性交或刚刚性交结束。盖博躺在沙发上，看起来仿佛无法动弹了一般。如果有人知道盖博在我的办公室里面所经历的一切，然后，这个人又在咖啡馆里面，在盖博放松的状态下向他询问，问他是不是真的认为他的分析师在监视他和他的妻子，盖博很可能会回复说："当然没有！"移情神经症水平的"现实感断裂"并不会让一个人精神错乱。对患者而言，"热

起来"的移情神经症就像是一出严肃的戏剧，里面的故事感觉就像
是真的一样。接下来的好几周，盖博都躺在我的沙发上指责我。刚
开始，他的声音很低，后来，他开始叫喊起来，说我晚上十一点之后
朝他公寓里面看。盖博想象着，我穿着雕花鞋，就像电影里面的美国
黑帮所穿的鞋子一样。他开始叫我"阿尔·卡彭"[1]，就是旧时代那
个著名的黑帮分子。

　　事实上，沙发上的盖博只需转动一下头部，就可以看到我的鞋
子，但是，他的移情神经症不允许他转过头来，看到现实。他需要将
我看作阿尔·卡彭，在我面前表现出阉割恐惧和相关的狂怒，并且注
意到阿尔·卡彭／治疗师并没有给他造成危害，然后才能永远地放
弃自己关于阉割的潜意识幻想。我认为，如果分析师干扰了这个过
程，那将会是一个极大的错误。我主要的做法便是保持沉默，但是，
我的内心充满了欢乐。看着受分析者进入"火热的"治疗性戏剧，
这令我感到高兴。它再一次令我确信，分析治疗起效了。

　　我还意识到，盖博有着极端的焦虑和挣扎，这主要发生在他躺
在沙发上，以及他在晚上十一点以后待在客厅的时候（特别是与妻
子性交之后）。这个阶段的分析会谈就这样一周又一周地过去，他会
先朝我微笑，然后就躺到沙发上，带着极度的焦虑低语或者怒喊。会
谈结束的时候，我会做出这样的评论："好吧，让我们看看会发生什

[1] 阿尔·卡彭（Alphonse Gabriel Capone，1899—1947），美国黑帮成员，因为脸上留有伤疤而被人称
"疤脸"，于1925年至1931年执掌美国芝加哥黑手党，使芝加哥黑手党成为最凶狠的犯罪集团，阿尔·卡
彭也因此成为二十世纪二十年代至三十年代最有影响力的黑手党领导人。阿尔·卡彭被很多传记作家
认为是"美国黑道头号人物""二十世纪二十年代芝加哥地下市长"和"美国史上最令人感兴趣的罪
犯"。——译者注

么。"盖博会离开沙发，又朝我微笑，然后离开。顺便提一下，大多数的时候，盖博都会在妻子面前隐藏起自己的焦虑，即便在晚上的时候，她其实知道他会在性行为之后离开卧榻。

大约一个月之后，盖博说，有一天晚上十一点之后，他很确定有一个穿着雕花鞋的男人，站在客厅敞开的窗户外面。在盖博的心里，那个人就是阿尔·卡彭／沃尔肯。他站起身来，检查了公寓的前门，重新上了锁。第二晚，阿尔·卡彭／沃尔肯又来了。这一次，盖博想象着我弯下了腰，透过窗户，看着他坐在电视机前面吃薯条。当他告诉我这些话的时候，他躺在沙发上，显得非常焦虑。我提到，他之前梦到铁门外面有一条蛇："你的铁门不再关得那么严实了。蛇已经进入了你的房间。它真的有那么危险吗？"沉默了五分钟之后，盖博作出了反应："我猜没那么危险。是的，我知道，这条蛇并不危险。"我看到盖博的身体放松了下来，他的脸上浮现了一个大大的微笑。接下来的一次会谈，他显得很友好，他甚至给我讲了一个笑话。当时，我对这个笑话的内容并不感兴趣，让我感兴趣的是，他在会谈里面表现出了讲笑话的能力。至少，他与我之间暂时产生了一种男人对男人的关系。因此，我与他一起笑了起来。他已经与他的父亲靠近了，他正试着与他的分析师靠近（抵达治疗性戏剧的不同结局）。

半裸的摔跤手和两座宣礼塔

与原初戏剧（original play）的结局相比，治疗性戏剧如今已经出现了不同的结局。这样的治疗性戏剧要求获得重复，只有这样，患者才能明确自己内心世界发生的转变。对盖博而言，亦是如此。盖博接受分析第二年的下半年，我收到了一张明信片，是我在土耳其的一位朋友寄来的。我的这位朋友刚刚去看了传统的克尔克普纳尔涂油摔跤节[1]，举办地点靠近埃迪尔纳[2]，在土耳其靠近欧洲的那一侧。自1357年开始，土耳其摔跤手每年都会聚集到克尔克普纳尔的一块场地，不断地摔跤，直到冠军最终诞生。他们赤裸着上身，仅穿着皮裤，用橄榄油涂遍身体和裤子。这样的规则让摔跤变得有趣起来。在这张明信片上面，两位男摔跤手正以摔跤的姿势抓着对方，在他们背后，有两座宣礼塔若隐若现。宣礼塔，明显是阴茎的象征，在这张明信片上面，其中一座比另外一座要高一些。这与盖博的重复梦很相似，在他的梦中，一个牛仔比另外一个牛仔高大。我把这张明信片正面朝上，放在了我的办公桌上，正对着盖博躺着的沙发。当时我并没有想过，盖博在躺下之前很有可能会看到它。

　　我没有意识到，到底是什么样的原因，会让我把这张带有象征意味的明信片正面朝上地放在桌面上。在意识层面，我为盖博正在穿越"火热的"移情感到高兴。然而，我的患者是否还在让我产生着未被觉察的恼怒感受呢？比如，我不知道马尔科姆·劳里是谁，他

---

[1] 克尔克普纳尔涂油摔跤节（Kırkpınar Oil Wrestling Festival），每年举办一次，是世界上持续时间最长的、有组织的体育竞技活动，每一年的赛季长达八个月。在赛前，摔跤手们会互相帮助，在对方身上涂抹橄榄油，以示公平和尊重。涂油摔跤可以通过有效牵制对方的皮制裤子，使对手仰面朝天、双肩着地取胜。——译者注

[2] 埃迪尔纳（Edirne）是土耳其欧洲部分的一个小镇，曾经是奥斯曼帝国的首都。1930年以前，人们称之为亚德里亚堡，克尔克普纳尔涂油摔跤节是当地最著名的活动。——译者注

试着通过这一点来让我（一个对英语语言文学并不熟悉的土耳其人）感到自己很无知。甚至，在他强迫性地谈论《火山之下》之前，其实他就已经知道我是一个土耳其裔的美国人了。他问我，这是不是真的，我说："是的。"是不是我反过来也在渴望着向他展示一些他不理解的、关于土耳其的东西呢？是不是盖博那公开的俄狄浦斯抗争引发了我自己身上俄狄浦斯抗争的残留？是不是我想要提醒盖博，父亲／分析师的阴茎比孩子的阴茎要大？我的反移情动机，也就是向他展示明信片的动机，是潜意识的，我无法确切地知道其主要的原因。

分析师不应当刻意操纵患者，以此来引发治疗过程，这是具有欺诈性的，患者很可能会感觉到不够真实。反移情的反应（积极或消极）是自发产生的。重要的是，分析师努力地去理解自己的反移情，并以此循着分析的轨迹，帮助患者，同时也帮助分析师自己开启治疗的过程。

盖博躺到沙发上之前，看到了明信片。明信片上搏斗的摔跤手和宣礼塔，其作用就像一个戏剧化梦境的日间残留。他环视着房间，但是没有扭头看我。他开始注意到办公室的家具上面那些"突出"的元素和部分。例如，书架上的一本书正向他"突出"，一个桌灯以特别的方式弯曲着。我知道，盖博正在办公室里面"看到"我那象征性勃起的阴茎，他正感到自己受到了性方面的攻击威胁。再一次地，盖博滞留在正常俄狄浦斯阶段的某个位置，在这个阶段，盖博在认同父亲并解决自己的情结之前，他首先是害怕向父亲认输。

盖博的身体变得紧张起来，开始说："咔嚓！咔嚓！"同时挥动着他的手臂，象征性地砍着我办公室里面"突起"的部分。最初，我对盖博的行为感到震惊，之后，一旦我理解他在做什么，我便放松了下来，保持沉默。我再一次感到满心的快乐，盖博还沉浸在另外一个"火热"的治疗性戏剧里面，而且是在他分析师的办公室里面，他用胳膊和手掌做出了不寻常的举动。在会谈剩下来的时间里面，盖博"咔嚓"掉了我突出的元素，就像是一个在电影银幕当中战斗着的传奇英雄。可以说，我知道盖博在干什么，也知道这是一个男孩在穿越俄狄浦斯期的通道，我舒适地坐在椅子里，观赏着这场演出。

在接下来的十次会谈之中，盖博全部的时间都用于象征性地切断我突出的部分，一边还说着"咔嚓！咔嚓！"。盖博的行为仅限于在我的办公室里面，他来到办公室和离开的时候，都会再次向我微笑。然而，在沙发上面的五十分钟，他的身体和灵魂都专注于移情神经症。他那关于两个牛仔的重复梦有时还会回来，但是，他如今已不会再跑开，并把自己锁进房间，而是会向着那个高个子牛仔走去。

在这十次会谈里面，盖博在我的办公室里面表现得像一个剑客。之后的一次会谈，盖博一开场就讲了一件事情，而这件事情其实是一个新梦的日间残留。"昨天结束会谈之后，我在回家的路上遇到了一只臭鼬？真臭！"他说。我回应说："继续。"盖博继续说："好吧，你应该知道，我和妻子在晚上十一点之后做爱以后，我已经不再起床去客厅了。做爱之后，能够跟她待在床上放松一下，多么地解脱啊！昨晚也是，我们做爱的时候已经很晚了，但是我做了一个梦，这个梦也臭死了！"

盖博报告了他的梦：

梦里面有一座结实的三层小楼（我认为，这是他和他的本我、自我和超我）。有趣的是，楼房后面的低处有一个露天的水阀（我想象着，那是他的肛门）。我打开又关上这个水阀，但是从里面喷出来的却不是水，而是一股臭臭的气体。

听完盖博的梦，我说："自两周半以前开始，当你看见两座宣礼塔立在一起的照片时，你就想要试着把我的土耳其阴茎砍成碎片。现在，你认为我会报复你，强奸你，所以你就朝我放屁，让我远离你！"听到我说的这些话之后，盖博爆发出了神经质的大笑。然后，他平静了下来，笑着说："好吧！好吧！这有什么大不了的呢？我甚至都不知道你有没有结婚。但是，我猜你有你自己的女人。噢！噢！这有什么大不了的呢？你有你的女人，我有我的女人。这就行了。是的，这就绝对可以了。""你有你的女人，我有我的女人。这就行了。是的，这就绝对可以了！"我重复了盖博最后的那句话，以此来证明俄狄浦斯冲突的解决。在那次会谈剩余的时间里面，我和他都舒服地沉默着。

两个牛仔握手言和

不久，盖博带来了他最后的牛仔梦。这一次，那个大牛仔和小牛仔接近了对方，但是他们没有互相射击，而是互相握手了（更改了重复梦的结局）。这个梦也证明了盖博俄狄浦斯冲突的解决。他说自己和妻子在家里很开心，父母以及妹妹来访的时候，和他们在一起也很舒服，他很享受自己的大学生活，日常生活也不再有焦虑发作了。他要求结束分析工作。我让他盘查一下，看看还有没有什么地方需要做更多的工作。在接下来的一次会谈里面，盖博盘查了一下，说自己对在分析工作当中的收获已经感到很满意了。

在那之后，盖博经历了两个月的分析结束期。他和我的哀伤过程没什么不寻常的地方。盖博说他会想念我的，而与此同时，他和父亲之间的关系也进一步地发展了。他俩一道去某个城市旅行，恰逢盖博所在大学的足球队在那里与其他大学的足球队比赛。盖博意识到，他开始接受分析是因为他在打篮球的时候焦虑发作，那是因为他害怕自己的父亲。现在，他已经准备好结束分析了。当他和父亲一起观看足球比赛的时候，他跟这位长者待在宾馆的同一间屋子里面。他所在大学的足球队胜利了。这使得父亲和儿子分享了更多的喜悦时刻。这件事情之后不久，盖博结束了分析。盖博精神分析的"结束阶段"并不复杂。

我从未再听到盖博的消息。有一天，也就是我跟他的工作结束六年之后，我收到了一封信，这封信来自另外一个州的政府就业办公室，他们给了我一些关于盖博的消息。显然，他的分析工作结束后，他成了一名建筑师，他正在申请某个州的一份工作。当他填写相关表格时，他说自己曾经接受过精神分析。我收到的这封信提到了这一点，这封来信询问我这位精神医师，对于盖博胜任工作的要求方面有没有什么令人担忧的地方？我给他们回信说没有什么可担忧的。

结　语

盖博的故事，阐述了治疗神经症性人格组织时所使用的精神分析技术，这些技术所聚焦的核心精神分析理论起始于弗洛伊德。其间包含动力性潜意识（dynamic unconscious）的存在，及其不合理的潜意识幻想和"对安全与焦虑的持续关注，以及由此而产生的无数精神产物，从正常至病态，不一而足"（Rangell，2002，p.1131）；还有那些受到压抑的童年记忆，它们需要得以恢复和重建，这很重要，因为它是促成改变的辅助性媒介。

盖博是具有"典型"神经症性人格组织的个体。这里的"典型"，指的是个体没有身份弥散，有着良好的现实检验，在他们的分析之中，俄狄浦斯幻想及其相关的主题占据核心地位。这些患者表现出来的前俄狄浦斯情结问题，主要是退行性的适应或防御，以避免面对俄狄浦斯的冲突。或者，这些患者固着在前俄狄浦斯情结的主题，但是，一旦他们接受了分析，这些主题很快就会被另外一个明确的方向所取代，而这个方向则带领我们走向俄狄浦斯冲突的解决。如果精神分析技术仅仅可以运用于这些"典型"患者，也就是神经症性人格组织的患者，那么，这本书在这一章就可以结尾了。然而，情况并非如此。对某些患者而言，密切的过程监控、对诠释的利用以及允许患者穿越治疗性戏剧，仅有这些治疗策略是远远不够的。

有这样一些个体，他们在自身发展的年月中，直接遭受了某些突发或长期的外部事件，或者说，他们接受了某些代际传递（由自己的父母或祖辈所交予）的任务。在本书接下来的章节中，我将聚焦于这一类个体的精神分析过程。针对这些个体的分析过程，需要在诸多层面予以密切关注，比如，非同寻常的外部事件所发挥的作用；对祖辈的历史和文化进行探索；患者（甚至是在治疗室之外）治疗的倾向或需要；分析师对患者的需求给予必要的关注，以整合对立的自体与客体意象，以及密切监控分析师对患者不寻常移情表现的逆反应。分析师需要更加地清楚保护自身作为分析师的位置的需要，也要更明确地保护治疗联盟，以防止治疗空间不必要的闯入。终于有一天，患者与分析师抵达俄狄浦斯议题，当人类在俄狄浦斯发展期所遭遇的那些疑难问题都得以解决时，分析也就抵达了尾声。

第三章　冰雪王子

在本章，我将对一个夸大性自恋患者的全程分析进行描述。布朗开始接受我的分析，是在二十世纪六十年代，当时，他是一位三十岁的医生；他毕业于一所医学名校，毕业时已经在另外一所名校担任助教。他已经结婚，有两个女儿，一个七岁，一个五岁。他还有一个四岁的儿子。见到我之前，他已经见过两个精神科医生，他之所以去看医生，是因为他觉得自己的婚姻不幸福。据他所说，这两位精神科医生都试图告诉他如何做丈夫，如何做父亲。听到这些，他扭头便走了。这一次，他想见一位精神分析师。当他到我所在的地方预约时，工作人员将我的名字告诉了他。我比布朗大五岁。我每周见他四次。我们的工作持续了四年半的时间。

我还记得，布朗让我觉得他像数个世纪之前欧洲的一位王子，这些王子通常都出现在博物馆的画像之中，他们的脸上都带着一副冰冷的表情。他个子很高，是一个非常英俊的人，但是他的脸上从来都没有微笑。他以一种极为单调乏味的方式把自己的成长史告诉了我，在讲述的过程中，他连讲话的语调都没有改变过。我听着他的故事，感到自己无法共情他，也没有产生其他的感受。我不知道他在医学院是如何做教师的，因为我觉得他是一个没有情感属性的人，而这些属性对于一个人成为好的教师是非常重要的。因此，当我了解到，他在医学院基本上都是待在实验室里面，很少与其他人接触时，我就不感到惊讶了。

我马上便了解到，布朗的一位母系祖先是美国殖民期间的领袖人物。美国是在1776年成立的，他的这位祖先在这个事件中起到了重要的作用，这位祖先的名字和签名会出现在一些公开陈列的文件与某些历史博物馆里面。由于祖辈的光荣历史，这个家族对此有着强烈的自豪感，而在我与布朗最初阶段的交流中，我唯一一次看到他的嘴角露出一抹微笑，就是他提到这位重要人物的时候。自布朗一岁时起，他的家族就住在了一座房子里面，这座房子处于某个城市极富声望的地区。搬到这个房子里面之后，他的母亲就怀孕并生下了他唯一的一位兄弟，也就是他的弟弟。早前，布朗的父母一直住在布朗的祖辈置于乡下的房子里面。房子虽然很简朴，但富有历史感，周围全都是玉米地。根据布朗听到的说法，他的母亲很喜欢吃玉米，后来便变得很胖。当第一个儿子出生的时候，她的乳房就变得相当大，奶水也很多。

作为一名医生的女儿，布朗的母亲"对所有的事都有可实践的想法"，她假装自己极富学问，非常善于处理日常事务，对制作美食很感兴趣，等等。然而同时，她却与自己的孩子们保持着距离，对他们的养育工作也大多推给女佣们去做。布朗记得，在他很小的时候，家里的保姆眼睛有角膜白斑，说话带有德国口音，还有一个德国名字。他想不起来关于她的其他记忆。弟弟出生以后，父亲作为一名预备役军人，虽然并没有被派往第二次世界大战的战场，但也离家了大约一年半的时间。不久之后，父亲开始着迷于钓鱼，这个兴趣使得他开始远离家庭，布朗对他并没有留下什么关于"好时光"的童年记忆。布朗与他的弟弟也不亲近。

布朗的父亲身上也有一股遗风，这股遗风可以回溯到美国历史的开端之时。当布朗来见我的时候，他的父亲也是一名医生，而且还是某个重要私人医疗公司的领导人物。他是一个冷漠而守旧的人，他主要扮演着管理者和商人的角色，而不是一名医生。然而，据布朗所说，他父亲在婚前很"放荡"，因大胆妄为、飙车和热衷体育而闻名。布朗的弟弟显然继承了父亲早年的生活方式，他喜爱体育运动，经营着一个豪华运动度假村，在远离父母的地方生活。布朗本人很喜欢数学，但是他却继承了家族的传统，开始学医。

两个男孩在这个家庭里面慢慢地长大了。这个家看起来似乎置办得很不错，但家庭成员之间却在某种程度上表现得冷酷无情和漠不关心。家庭生活以僵化的社交活动日程为中心。例如，孩子们可以和父母一起参加鸡尾酒会。每天的晚餐都有特定的主题：某个晚上只能讲法语；下一次就会安排拼读比赛；另外一次，则会回忆那些在美国《独立宣言》上签字的历史人物都叫什么名字。在布朗长大成人的过程中，殖民时期那位著名的祖先总是会被直接或间接地提到。人们总是说他长得像妈妈，而弟弟则长得像爸爸。他记得，小时候的他一想到这一点的时候，就会觉得自己比弟弟离那位殖民时期的母系老祖先更近一些。这位母系老祖先的巨幅画像被高挂在布置齐整的餐厅里面，小布朗觉得，画像主人公的眼睛跟自己的眼睛长得一模一样。

尽管患者在小学、高中乃至之后的表现都很好，但他记得自己小时候有很多的白日梦。青春期的时候，他养成一个习惯，他会在晚上将一根绳子拴在自己的大腿和小腿上，他会观察绳子勒过的痕迹，有时候还会想象自己被处决的情形，最后会自慰。他跟我谈到这些的时候，我还没有想到哪些具体的心理因素可能会导致年少的布朗发展出如此特别的自慰习惯。

青少年时期的布朗在人际关系方面依然显得很害羞，特别是在成年人面前，但是他把这些感受隐藏了起来。他记得，自己曾在十六岁那年听到过父母尖声争吵，当时，他心里升起了一种特别好的感受，他感到父母毕竟是有情绪的人。然而，他感到，对他而言，由于自己成长环境的局限性，学着公开表达这样的感受已经来不及了。他的一位表兄曾经鼓励他试着更为开放地表达自己，他教布朗学跳舞。但是，他依然感到"害羞"。然而，当我倾听他时，我也开始越来越清晰地听到，他感到自己相对于其他人来说是如何地"特别"和优越。比如，当他开始约会的时候，他有一种习惯，就是想要立即获得性的享受，他觉得自己是享有这个权利的。

二十二岁的时候，布朗与同学外出度假，就在这次旅途中，他遇到了自己未来的妻子。她在社交方面并不十分显眼，她的背景也不如他显赫。她怀上了他的孩子，四个月之后，他们便结了婚。从医学院毕业之后，布朗进入了父亲的医疗公司，他所工作的岗位很少与其他人接触。在此期间，他与妻子有了三个孩子，两个女孩和一个男孩。第三个孩子（也就是那个男孩）出生的时候好像有一些生理方面的问题。布朗和妻子觉得这个孩子很虚弱，病恹恹的。布朗觉得这个婴儿破坏了家族姓氏的"特殊性"，这威胁到了他的自尊。

在发觉自己的儿子并不"完美"之后不久，布朗诱惑了埃伦，并让她怀上了自己的孩子。埃伦是一位著名法官的女儿，她在布朗父亲的医疗公司当秘书。埃伦堕了胎，他们之间的私情也最终了结了。布朗描述着这段关系的结束给他的自恋带来了何等的打击。这段私情、潜在的婚姻破裂危机，以及对于新生儿子的不完美令他感到沮丧，这一系列问题持续地扰动着他的自尊。布朗离开了父亲的医疗公司，在一所医学院觅得教职。由于这个医学院在外地，他和家人便搬了家。同时，他也开始寻求精神医疗方面的帮助，最终，他找到了我，开启了与我的谈话。

当我在评估诊断阶段倾听布朗的时候，我很容易便辨认出，尽管他来见我，告诉我他的自尊遭受了威胁，但他似乎很看不起我。他提到自己是一名实验室科学家，这暗示着他并不认为我是一名真正的医生。毕竟，我只是一个精神分析师，不是科学家。他试着向我解释，他不在实验室也不在家的时候会做些什么事情。他告诉我，他几乎每天都会去一个乡村俱乐部的游泳池。然而，他并不在那里游泳，而是穿着泳裤坐在游泳池边做白日梦，想象着整个俱乐部里面的漂亮女人都在盯着他看，仰慕着他健美的身躯。收获足够的仰慕之后，他会返回家中，但在家里，他感到妻子并不能欣赏自己的"独特"、智慧以及他觉得自己应当成为万众瞩目的焦点的信念。

接下来，便是我对布朗的分析所做出的一份详细的概述。这份由四年半的精神分析过程压缩成的简要叙述，可能会传达出一种进展迅速的错觉。然而，与这位受分析者日复一日地相对，很多次精神分析的会谈都充满了长久的沉默、对他人的单调贬低以及对他自己言语表达内容漫无止境的崇拜。

布朗分析的开端

在分析刚开始的时候，布朗坐在沙发上的姿态相当僵硬，声音也显得单调而乏味，他不停地描述着日常的活动，根本不像是在跟我沟通，更像是在制造一些试图引人惊叹的产物。几周之后，他飞往弟弟所在的度假胜地，在那里引诱了一位外国女士，这位女士说英语的时候带着一些口音，这一点和我有点相像。对于这位女士，他并没有什么特别温暖的感受，甚至想不起来她叫什么名字。我的第一个念头便是，通过这段"私情"，布朗象征性地"胁迫"、贬低和控制了我——这个身为外国人的分析师。我还觉得，通过与这位外国女士发生性关系，他可能也在接受着我的爱。但是，在这个时期，这种"爱"并不是真实的。由于他才刚刚开始接受治疗，我并没有把我对他引诱这位女士的想法告诉他。相反，我等待着移情的发展。我相信，如果我在布朗的分析中，太急于针对移情做出解释，并不会帮助到布朗。他甚至可能会离开分析，因为他很有可能并没有准备好去听别人说出这样的话，也就是：另外一个人（他的分析师）在他的生

活中变得如此重要，以至于他"被迫"与一位代表着我的女人发生了性关系，即便在现实中他在贬低着她／我。这对他的自我夸大来说是一种威胁。

布朗知道我是有口音的。他并没有问我来自何方，以及我为何会待在美国。实际上，他表现得好像我的人格以及我的身份都没什么关系。但是，他坚持每周来四次，躺在我的沙发上。每当提到自己的妻子，他都会愤恨地抱怨，说她如何冷漠，如何不愿给予。他也很少提到自己的孩子们，除非某个孩子在某些无关紧要的地方击败了他。我想，即便是输掉与儿童的游戏，都会伤害他的自尊。我感到，他不仅仅必须是第一，还必须是唯一。坐在他的身后，我感到孤独，我利用着自己对他产生的内在反应，我想知道，他是不是在让我感受他儿时的那份孤独。尽管如此，即便是这些"觉察"，也没阻止我感受到抗拒和厌烦。

当布朗躺在我的沙发上时，我的脑海中播放着一个画面：我看到一张长长的餐桌。布朗的父亲坐在这张桌子的一端，母亲坐在另一端。两个男孩面对面坐在桌子的两个长边，与父母隔着一些距离。布朗的椅子面对着祖先的巨幅画像。那个德国女佣走了进来，给每个人的碗里面盛了些汤。然后，父亲开始说话了："乔治·华盛顿的诞辰是哪一天？""他的妻子叫什么名字？"男孩们回答着这些问题。然后，问题变得更加具有针对性了。"独立宣言上面有多少个签名？"小布朗知道答案，但是没有人在意。他理应知道答案，并且应当永远牢记自己著名的祖先。但是，没有人问他这一天过得如何，他是开心的，还是难过的。他专注地看着祖先画像的眼睛。是的，祖先知道他是"特别的"。我的脑海中播放着这个画面，让我可以维持着自己对布朗的共情，也可以感受到他那夸大的自恋感受背后掩藏的那份孤独。

布朗有时候会系统列举出自己的症状和生活事件，他觉得精神分析师应该知道这些事情。他提供了很多"历史"来描述自己的恐高，比如，他说自己爬梯子的时候会很害怕。这是新的信息。童年时期的布朗曾经做过一个梦，这个梦可以揭示这种惊恐的某个层面。在这个梦中，他爬上了一个梯子，偷看父母在二楼的房间。他告诉我，事实上，他和弟弟被当作"囚徒"，和仆人们住在这所房子的一楼。通往二楼那个独立房间的门，按照惯例都是被关起来的。这道门成为成年人生活神秘之处的象征。在布朗的梦中，他想要通过梯子来扰乱这些神秘，但这个梯子是摇晃着的，迫使他放弃了这些探索，回到了自己位于一楼的房间。我感到，他的这些回忆，以及他把自己在童年时期做过的梦告诉我，也在暗示着移情。如果他在潜意识中将我感知为他的父母，他将不会直接进入与我的关系，而是会转回自己的世界，而我知道，那是一个孤独的王国。

我试图让他对自己的梦产生更多的好奇，他却继续将我与他之间的关系保持为"正式"的关系，对自由联想也予以讽刺，但他也说，他希望他的精神分析"会获得巨大的成功"。他描述着帕特里克·布鲁斯·奥利芬特[1]的卡通作品，提到漫画的主画面边缘那些微

---

[1] 帕特里克·布鲁斯·奥利芬特（Patrick Bruce Oliphant, 1935—　），澳大利亚裔美国人，极具影响力的编辑、漫画家，职业生涯超过五十年，曾获得"普利策奖"。他常常用一个名叫Punk的小企鹅，就漫画界的一些话题发表评论。

不足道的人物，说精神分析师就像那些微不足道的人物。任何一位读者，只要读过印有奥利芬特漫画作品的报纸，都知道这些微不足道的人物是富有洞察力的，他们是非常重要的。我推测，布朗在某种程度上也是知道这一点的。但是，他依旧公然持续地贬低我。

随后，布朗报告了一段记忆，也就是新生的弟弟被带回家那天的记忆。他当时只有两岁，因此，我觉得他的记忆应该是一段"屏幕记忆"（Freud，1899，1901），就像一个梦。在这段记忆中，那一天很灰暗，他从一个车库里面向外望，而这个车库旁边有一个没有树枝的树墩。这正象征着他的母亲，我想，她的上半身，也就是她的胸部，从他这里被切走了。他觉得，正是从那之后，他开始转向内部去寻求资源，而灰色，也常常被认为是孤独的颜色。

布朗能够意识到自己对弟弟的嫉妒，他报告自己的梦之后，便开始公开嫉妒我的其他患者，他能够将这些与同胞竞争的记忆联系起来。有一次，他将弟弟坐着的手推童车从自己手中滑向了一辆驶来的公交车，差点酿成一场悲剧。尽管家人觉得这是一次意外，但是我的受分析者知道，他与弟弟竞争着母亲的关注，他试着把自己从这种竞争之中解放出来，而且，他一点懊悔之心都没有。当他告诉我这些话的时候，他没有任何情绪。

自恋型人格组织

"自恋"并不是一个"不好的词"，在人类心理当中，它和性欲、攻击欲以及内心冲突所导致的焦虑一样正常。实际上，"健康的自恋"

（Weigert，1967）对每一个人来说都是很重要的，我们用它来维持稳固的身份、工作以及享受生活和对他人共情，等等。但是，自恋也会受挫，这就可能导致不健康的、被削弱的或者膨胀的自体爱。当个体表现出夸大性的自体爱时，他们会出现重复的想法、行为以及感受模式，这些组合起来被称为**自恋型人格**。在布朗的分析结束之后，我在1975年至1981年间，每周都会与一些比我更年轻的同事讨论案例。我们自称为"夏洛茨维尔精神分析学习小组"。我们讨论过很多主题，其中，我们对发展出夸大性自恋的患者进行概念化，提出了他们所具有的"典型"家庭背景。当这些个体还是婴儿和儿童的时候，在某种程度上有些态度冰冷的母亲在他们的心里留下了情感上的饥渴。儿童回应着母亲的冰冷，发展出了自恋型人格组织的核心，这是一种防御策略。我们同意阿诺德·莫德尔[1]（1975）的看法，当儿童逐步建立自己的身份感时，他们被强加了一种心理创伤，这里所说的身份感，是一种主观的感受，这种感受具有可靠而恒久的同一性（Erikson，1956）。这种心理创伤可能会导致个体建立起一种过早出现并且脆弱的自主感，它是由全能的幻想来支撑的。

　　尽管这种患者的母亲冰冷且不愿意给予，但她仍然觉得自己的孩子是某种"特别"的人，或者觉得这个孩子比她别的孩子更漂亮，是"光耀门楣的人"，或者将这个孩子作为工具，被她用以满足自身的自恋目的。当孩子出生的时候，母亲自己的家庭或者孩子的家庭

---

[1] 阿诺德·莫德尔（Arnold Modell，1925—　），哈佛医学院社会精神病学教授，波士顿精神分析协会和研究所的督导和训练精神分析师，著有《秘密的自体》（1996）、《不同的时代，不同的现实：朝向精神分析治疗的一种理论》（1996）和《想象与深刻的大脑》（2006）。——译者注

环境发挥着一种作用，引导着母亲（或者其他的养育者）觉得新生儿是"特别的"。比如，某个母亲承受着复杂的哀伤，将自己的小宝宝看作自己与那些死去的兄弟姐妹之间的连接，因此，这个孩子就被感知为"不朽的"以及全能的。所以，虽然复杂的哀伤过程使她成为一位冰冷的母亲，但她与孩子之间的关系却是强烈的，其特点为：孩子会感受到一种强大的压力，想要去参与并回应母亲的心理需求。再比如，在其他情况下，身为天主教教徒的母亲，由于自己有抑郁的倾向，因此她一直在寻找着理想化的父亲，无法为自己的孩子提供高质量的心理照护，她会觉得自己的儿子非常特别，也许她会有一个白日梦，觉得自己的儿子长大之后会成为教皇（理想化的父亲）。读者可以看出，布朗这个案例有着相似的家庭背景。

像布朗这样的个体，他们觉得自己是唯一的、重要的，这使得他们觉得自己是全能的，他们觉得，自己与别人相比仿佛要更好一些。但是，这些具有典型自恋型人格的人们，其实生活在悖论之中：他们极度地爱着自己，感到自大和全能，与此同时，他们也活在一种阴影之中，有着被贬低和对爱"饥渴"的层面。这样的个体，往往以分裂为主要的防御机制，将夸大性的自体与饥饿的自体隔离开来。这样的人没有整合的身份。身份的问题以及自恋的分配问题，常常是相关的。具有自恋型人格组织的典型个体，其映射出夸大自体的人格特质是公开的，而映射出饥饿自体的那些人格特质则是隐蔽的（Kernberg，1975；Akhtar，1992；Volkan，2012；Volkan & Ast，1994）。饥饿自体，常常会被外化到其他客体身上，而个体就会在心里贬低这些客体。

白日梦

在分析的第一年，我对布朗的了解越来越多：在出生后的第一年，他还可以吮吸母亲的巨乳，但之后，他便再也没有从母亲那里获得爱了。他与父亲保持着距离，对德国保姆深感恐惧，又嫉妒着弟弟，在自慰之前，他的内心充满无法言说的狂怒，他因此惩罚着自己，同时又使用自慰来表示他不需要任何人便可以获得快乐。一旦注意到自己有着依赖的需求，他便会感到羞耻；跨上发展的阶梯让他感到害怕；他总是想着，自己在美貌和特殊性方面是"第一名"。

很久以来，无论是在我的沙发上，还是在工作场所，布朗都没有受挫的体验，但是，他却让自己成为一个按钮人（push-button man），就像按电视遥控器一样，召唤出各种各样的白日梦来应对挫折。比如，他在工作场所或者饭店里面看到一位女士，就可能会在心里激发出复杂的白日梦来，有时候，这些白日梦的内容是他拯救了这位女士，使她免受强奸，他是"救世主"。偶尔，他会寻找"一位鼓舞人心的女士"，然后，他称呼这个理想化的角色为"慷慨的女士"。他花了大量的时间来做白日梦，甚至都影响了工作。在工作的时候，他也会做白日梦。实验室内部设有办公室，他会关起门来自慰。到了晚上，他躺在妻子身边，也会自慰。如果妻子不公开表达仰慕之情，他就会觉得自己遭到了拒绝。早上起床之前，他也会自慰，还会把自己弄脏的睡裤挂起来，挂在妻子可以发现的地方，好像在说："我不需要你。"

把弄脏的睡裤挂起来，这个行为引发了他的联想。他想起了自己小时候，有一次，他因为生病而失禁了，当时，母亲流露出了极度厌恶的神色。我告诉他，他可能在重复测试着妻子／母亲的反应，心怀着一种希望，也就是想要掌控原初的羞辱事件。他没有回应我。几天之后，他说自己可能得了胃肠型感冒，担心会大便失禁。然后，他把自己和儿子反锁在卫生间整整两个小时，直到这个孩子完全排空了自己的肠道。我想象着，通过这个行为，他变成了侵入性的母亲，而他的儿子代表着布朗自己，是一个受到侮辱的孩子，被迫只能在适当的地方、以适当的方式排便。他将受辱的自体外化到了儿子身上，他自己便从最初受辱的事件中逃离了出来。

有一天，他在自慰后不久便来到了我的办公室，裤子上面还沾有斑渍。他再一次重复了自己童年时期关于失禁的创伤，他等待着，想看看我的行为会不会像他的母亲一样。但是，我感到他还在告诉我："我不需要你作为一个爱／性的客体。"我告诉布朗，他穿着湿答答的裤子来到我的办公室，很有可能是意有所指的。我会和他一起对这些可能的含义保持好奇。

有一天，他来得比平常早一些。当时，我不在办公室，而是跟其他精神科医生待在一起，在另外的房间里面喝咖啡。当时，我还一边抽着雪茄，那时候，在医院里还是可以这么做的。门开着，布朗看到了我。我掐灭雪茄，走进办公室，邀请他走进来。他躺在沙发上，出现了焦虑发作。布朗对我的反应所包含的心理遗传方面的内容，开始浮现出来。他解释说，小时候，有一次，他违反了家规，父亲便把他拉到身边，把燃烧的雪茄头按到了他的手上。

他将我移情成为一个会灼烧他的父亲，而且，这种移情感受正在逐渐增加；同时，我也变成了他的母亲，当他还是一个孩子的时候，用"冰冷的水"清洗他。他不记得母亲是不是在用冰冷的水冲他被烫伤的手掌。他也不记得，母亲是不是会在他失禁之后用冰冷的水清洗他的身体。布朗将童年时期的父亲象征化为一支"燃烧的雪茄"，童年时期的母亲则被象征化为"冰冷的水"。在这种移情中，我同时触碰到两个象征。他的焦虑不断地增加着，躺在沙发上一言不发，有时候，整场会谈他都保持沉默。后来，他说，在沉默时，他迷失在白日梦之中，创造了一种极乐的状态：比如，他可能是斗牛场上一只华丽的公牛。周围没有斗牛士，但是有很多慷慨的女士，朝公牛扔来了无数的鲜花。他被女人们爱着，而阉割者（斗牛士）消失了。

有时候，他会允许自己面对斗牛士（这是一个直接的俄狄浦斯情境），这种时候，他会想象自己得了癌症，或者出现了其他一些需要特殊考量的情况。我想，如果他可能会被阉割掉，他会想要控制这个情形，自己来阉割自己，而不需要俄狄浦斯的父亲来做这样的事情。他需要控制所有那些可能会在他身上引发羞辱感和焦虑的人，比如，一个带有母亲功能的女人，或者，一个作为俄狄浦斯父亲的男人。我试着把这些想法告诉了他。他仍然在逃避，不愿发展出好奇心。这一次，他幻想自己住在一个铁球里面，并在铁球之中称王。铁球之外的人既看不到他，也无法触摸到他。有趣的是，这个铁球被高高地放置在一个摇晃着的支撑点上面，这让他想到了他自己的恐高。我理解到，他的铁球为他提供了一个孤独的王国，一种绝对的自我满足感，一种特殊的、作为第一名的表面身份。但同时，他也害怕这个孤独王国最终坍塌，因而泄露出其深深隐藏的部分：自我满足感

的缺乏，以及对其他人持续一生的需求。

布朗对分析师的内化

　　布朗接受分析的第二年后半年，在他对我有了足够的体验，知道我不会因为他贬低我，或者把我阻挡在铁球之外而惩罚他之后，他说了自己的一个梦。他经常报告自己的白日梦，但是很少报告真正的梦。在梦中，他坐在一个沙发上面，坐在一个男人的旁边。这个男人，象征着分析师。他觉得这个同伴是位女士，他便开始爱抚这个人，但他却惊恐地发现自己正在爱抚一位男士。对他来说，发现自己有着与我亲近的需求，这不仅是不可接受的，还有着同性恋的暗示。在接下来的一段时间里，他似乎处于一种典型的移情神经症状态，开始处理同性恋恐惧和阉割焦虑了。但是，突然，布朗又返回到自己的铁球之中，而我对他的很多方面也有了更多的了解：他对自己那个孤独世界的崇拜，他的自我仰慕，他对我的贬低（当我被觉知为他夸大自体的某种延伸物，或者是某个没能喂养他自恋性需求的事物）以及他对外部世界当中那些他觉得美好的东西所产生的嫉妒。如今，有些东西已经发生了改变。虽然他还在保护着自己的独特性，或者说，保护着那个孤独的王国，但他也开始变得生动起来，开始允许情绪自由浮现了。我还注意到我自身的一个改变：我不再感到厌烦了。当他开始流露自己的情绪时，我便不再感到厌烦了。他声音变得响亮起来，聚精会神地保护着自己的自恋。他还向我描述，他的怒火在家里是如何被点燃的。他告诉我，妻子肯花时间去拜访她的妹妹，却不肯花时间问问他，好明白她能为他做些什么，于是他陷入了狂怒。我想，他可能吓到了妻子。

在他的愿望和幻想中，妻子的妹妹是属于他的，因此，她和他的同胞竞争都被控制住了。当妻子的妹妹结婚以后，他有一段时间感到很沮丧、愤怒和嫉妒。因为失去了"他的女人"，所以他采取了报复行动，在婚礼之夜诱惑了新郎的妹妹。对此，他毫无懊悔之心，他觉得，他有权力满足自己的"需要"。听到这些，我并没有表现得像一个超我，而是继续对他由于被拒绝和羞辱而感到的焦虑保持着极大的好奇。他想要通过某种行为来控制别人，或者，至少在幻想之中去控制别人，比如，他会重复地沉浸在自己的某个白日梦之中。而他想要去控制的目的，是有一种想要摆脱焦虑的即刻"需要"。对于他的这些感受，我也坚定地维持着好奇的态度。至此，他再也没有理由告诉我那些白日梦的内容了。他只会简单地说："我有一个关于慷慨女士的幻想"，或者，"我是一头华丽的公牛"，或者，"我在我的铁球里面"。

第二年的分析快要结束的时候，他开始能够在自己位于实验室的办公室里面中止白日梦了，他还听到一个内在的声音在说："你又来了！又一个你那被强奸的女孩的幻想！"我告诉他，他至少暂时地放弃了自己的白日梦，这表明他内化了我。但是，这种内化很快就以一种碎片化的方式丢失了。他描述说，在看电视的时候，他看到新闻播报员的面孔因为信号接收的问题出现了碎片化。我想，那个新闻播报员代表着我。然而，我感到他注意到了我，尽管他很快便把我碎片化了，但是，他仍然内化了我，而这是分析中的重大改变。我将焦

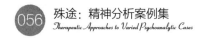

点聚焦到了这里。

我告诉他，如果可以的话，他可以在很长的时间里都把我的意象保存在他的想象里面。我补充说，他是可以选择的：他可以把那些他认为有用的、关于我的意象保留下来，那些他觉得没有帮助的部分，则可以抛除掉。我们开始探索，布朗究竟是如何与其他人保持距离的，这又意味着什么？探索他对失去全能感的恐惧；对临近的羞辱极度的敏感，对自身攻击性的关注，因为，实际上，在他那贫瘠而又被操纵的早期童年环境之中，攻击是不被允许的。布朗的移情加强了，而且有着精神病性移情的性质；他常常认为，我会发射出光热，烧伤他的头部和胳膊。我是"燃烧的（雪茄）父亲"，让他无法表达狂怒，并且觉得无助。

治疗性退行

布朗发展出了疑似精神病性的移情，随后，他在一次又一次的会谈中保持着这种移情，这显示出一种治疗性的退行，说明他探索自己原初童年生活的能力在增强。我会等待，并帮助他脱离这种退行，而不是退而求其次，将他华丽的独特性与他受到羞辱的部分分离开来。他可以将它们整合起来，发展出一个整合的自体，攀登上发展的阶梯。首先，我注意到，他做出了一些尝试，开始整合关于父亲的心理表象。他终于理解到，一直以来，他都在用一种固定的模式看待自己的父亲，只是将他看作一个"坏"父亲。他的父亲其实一直都很冷漠，但是在与布朗的母亲结婚之前，在向她那"冰冷的水"投降之前，他也曾经"放荡过"。带着一种惊讶的感觉，布朗回想起来，当他还在父亲的医疗公司里面作为一个年轻医师开展工作的时候，曾经看到过父亲因为一件伤心的事情而落泪，当时，父亲的哥哥在长期患病之后去世了。他的父亲毕竟也有着人性的一面。

布朗确认到，自己的父亲其实有表达人类情绪的能力，而此时的移情也暗示，其实我也并没有那么糟糕，这便开启了更为深入的治疗性退行。我感到，布朗开始尝试回到母亲的乳房。实际上，他感觉到有一些小小的彩色气球塞满了他的嘴巴。当他躺在沙发上想到这些的时候，他的手臂和腿部便开始伸展开来。我观察到，他正在经历一个典型的**伊萨克维尔现象**（Isakower phenomenon）。在很久之前，奥托·伊萨克维尔[1]（1938）曾经描述过一组知觉经验，这些经验主要涉及嘴巴和手掌，透过它们，患者会"重现"自己在母亲乳房边的经验。这种体验在睡着或清醒的时候都会时常发生，有时候也会在精神分析的过程之中发生。为了帮助他保持在治疗性退行之中，我会保持沉默，除了温柔地说着："嗯！嗯！继续。让我们看看会发生些什么。"

他描述中的那些小气球，具有不同的颜色和形状。有一些他并不在意，有一些他却不喜欢。我感到，有一些气球是好的，有一些是坏的。我想起来，我告诉过他，他可以将我的意象选择性地纳入，有

---

[1] 奥托·伊萨克维尔（Otto Isokower, 1899—1972），犹太人，美国精神病学家和精神分析师，曾与海因茨·哈特曼和保罗·施尔德等人一同工作，曾参与《弗洛伊德全集》的编辑工作，并担任纽约精神分析协会教育委员会的主席以及课程和藏书委员会的主席。他对自我觉察的催眠状态（self-observed hypnogogic states）和睡眠的躯体自我退行（body-ego regression）做出了重要的阐述，被称为"伊萨克维尔现象"；发表有《与睡眠现象相关的心理病理学浅见》（1938）等。——译者注

用的部分可以留下，没有用的部分则可以剔除。我将这些想法保留在了心中。做出"诠释"，可能会妨碍他的治疗性退行体验，而在我看来，这些体验可能是未来产生治疗性进展的基础。他在我的沙发上面体验着如此程度的退行，这是令人着迷的。我继续发出"嗯，嗯"的声音，让他知道，我跟他在一起，也让他知道，他所体验到的是分析过程的一部分。好多次，那些好气球的颜色和形状都变得"模糊"起来，然后，那些完全成型的坏气球支配了他。接着，布朗变得"偏执"，害怕被掐住脖子或者窒息而死，而我会变成一个黑暗和神秘的角色，让他想起自己童年时期对影子的恐惧。就在这样的时候，分析师便能够感受到自身职业的"独特性"——通过治疗的手段，我们得以观察到极为早期的婴儿体验之激活，这可能是其他心理健康职业可望而不可即的。当我治疗布朗的时候，我还是一名年轻的精神分析师，当他来到治疗性退行时刻，我感到，作为一名精神分析师，我极度满足。年轻的分析师，应当要非常小心，不要因为受到焦虑的驱使，就觉得患者可能会发生崩解，从而去干扰受分析者的治疗性退行。

躺在沙发上的布朗，在很多次的会谈之中都断断续续地持续着自己关于气球的体验。当这些体验结束之后，他又开始说起自己的母亲在生他之前吃过很多玉米，所以就变得很胖。他现在意识到，当他们家从环绕着玉米地的房屋里面搬走之后，母亲便怀上了弟弟，他可能感觉自己遭到了拒绝。现在，当他来到会谈之中，准备躺到沙发上之前，他会犹豫几分钟。当我让他注意到这一点的时候，他意识到：当他准备躺到沙发上的时候，他会感到自己不能再看到我，因此会失去我。就在会谈之中，他重新体验着"失去"母亲的滋味。当他开始能够确定我不会消失，我会在接下来的一次会谈开始之前等待他时，他便开始微笑。我感到，他开始喜欢我了。

当分析接近第三年的时候，布朗的分析停止了一个月，因为他要外出参加一个专业的工作坊。这个工作坊涉及他的晋升问题，所以他需要去参加。有趣的是，他在这个工作坊中被迫与其他人交流，去学习医疗之中人际关系的部分。在离开我之前，他的感觉是很好的，但是，他总是说起这样一个句子："好事过头，反成坏事。"这暗示着一种焦虑，他觉得自己可能无法维持舒适的感觉。在离开之前，他讨论到我们当地正在遭受的旱灾，幻想自己脱水了，需要恢复，而我可以为他提供"好"的水。饱食玉米的母亲，有着丰富的乳汁，这就是"好事过头，反成坏事"。因为我们之间即将到来的分离，把好事从他那里拿走了。他想到了这样的一种可能性：一岁的时候，他突然被断奶，因为他的母亲已经在为第二次怀孕做准备了。

他现在承认，他从未忘记过那个"慷慨的母亲"，她做的"好事太多，反成坏事"。过度提供口欲满足之后，平均数量的给予便成为一种剥夺，这就可以解释他为什么在离开母亲/分析师的时候，会出现一种对干涸的恐惧。我们都认为这是一种再现，他回忆起自己在童年时期与母亲的关系。尽管她是冰冷的，但她还是提供了丰盛的食物，还用殖民时期著名祖先的意象"喂养了他"；另外，晚餐在整个家庭的人际活动中也处于核心的位置。在他对妻子采取的行为中，我的这位受分析者识别出了一个类似的情境：妻子的冰冷令他感到不快，但她用自己可以提供美食的技能拥抱了他，而没有强行用某

种优越的形象同化他。在他大肆赞美的孤独背后，隐藏的是他与别人之间的强烈关系，他不愿意承认自己对这些人有着爱和需求，是因为他害怕自己遭到拒绝。在他离开分析，前去参加那个为期一个月的工作坊之前，他理解到了这些。

参会归来之后，他与同事的关系有了可观的进展。一年之前，他在工作之中四面楚歌，但是现在，他却获得了晋升。在接受分析之前，他没有朋友，但是现在，他有了一些朋友。他与父母之间的关系也有了改善，对于孩子们而言，他也变成了一个更好的父亲。从工作坊回来一段时间之后，他似乎在表面上对妻子也很友好。他与其他人保持着距离，通过自己的方式激起别人的拒绝，然后便可以证明自己所赞誉的孤独能够为他提供优越的安全感。比如，他想要与妻子在性方面更亲近一些，但是在时机方面，他总是把握得非常不恰当，这样，他就可以确保自己会遭到拒绝。他似乎开始审视自己在这些方面的责任了。

他也能够开始审视自己对阴齿（指阴道有尖牙，可能会撕咬和伤害阴茎）的恐惧，释放自己关于原始场景的某些记忆了。他还是个孩子的时候，看到过父亲在性交之后裸露着身体，然后，他觉得父亲腿部和胸口的伤疤是在性行为中由母亲造成的。这可以帮助我们理解到，少年时期的他为什么会在自慰之前将绳子绑在腿上，以及，他为什么会与埃伦发生私情，而埃伦曾经多次接受外科手术，身体上有很多疤痕。如此这般，埃伦便以外化的方式代表了受伤的父亲和被阉割的患者。因此，与她待在一起，他感到安全；只要他已经被阉割，而被阉割的人物形象已然被外化，就不会再有什么危险了。

然而，他与法官的女儿发生私情，其主要原因是他刚出生的儿子是"不完美的"，他这么做是为了满足自恋。他觉得，相对于埃伦，自己有一种优越感，因为她在社交和生理方面有缺陷：她患有恶性肿瘤，接受过肿瘤移除手术，她还患有偷窃癖。跟她相比，他简直是一个"超人"。

布朗的治疗性退行、他对自己内部世界越来越多的好奇以及对自己与外部环境的关系产生新的觉察和改变，这些都让我感到很高兴。然而，我知道，尽管有这些变化，他还是会很快地逃入自己的铁球之中，逃入那个孤独的王国，将我隔离在外。有时候，他还是会在沙发、工作单位和家里面做着重复的白日梦。在他出现治疗性退行之后，我们得以一同审视这些特殊的白日梦所具有的重要意义和功能。只有这样，他才不会紧紧抓住它们，不再逃入自己的铁球之中。

过渡性幻想

唐纳德·温尼科特[1]（1953）首次描述了儿童的过渡性客体（比如一个毯子）与过渡性现象（比如一首歌）。这些客体和现象的主要功能，就是帮助婴儿在"足够好的"母亲的照护下，发展出"一种幻想，幻想某种外部的现实是在（他或她）自己的能力之下被创造出来

---

[1] 唐纳德·温尼科特（Donald Winnicott，1896—1971），儿科医生，英国著名精神分析师。温尼科特和罗纳德·费尔贝恩、迈克尔·巴林特、约翰·鲍尔比等人同为中间学派的领袖人物，曾经两次出任英国精神分析学会主席。他最为人所熟知的观点包括真实自体、虚假自体和过渡性客体等。温尼科特著有《儿童障碍临床笔记》（1931）、《普通而真诚的母亲及她的孩子》（1949）、《孩子与家庭》（1957）、《游戏与现实》（1971）和《抱持与诠释：分析的碎片》（1986）等。——译者注

的"（Winnicott，1953，p.95）。一种"非我"（not-me）的拥有就被创造了出来。最初的过渡性客体就是最初的非我，正是它，把非我与母亲－我（mother-me）联结起来（Greenacre，1970）。母亲与婴儿之间的关系经受着改变，而过渡性客体使得这种关系成为一种可被触碰的表达，也正是它们在协助婴儿完成早期的发展（Volkan，1976）。阿诺德·莫德尔（1970）强调，过渡性客体既有发展的一面，也有退行的一面，分别对应着外部客体的可接受性或不可接受性。儿童逐渐地成长，他们利用过渡性客体，将其作为一个桥梁，把自己与其他人和事物联结起来，从而寻获外部的世界。有时候，儿童可能会变得极度关注过渡性客体，将外部世界拒之门外。

一年之前，当我注意到布朗对自己那些特殊的白日梦有着"成瘾"的表现时，我就得出了这样一个结论：他将这些白日梦当成过渡性客体。我将它们称为**过渡性幻想**（Volkan，1973），尽管它们显示出不同水平的凝缩，而这些凝缩又涉及各种性与攻击性的冲突以及针对它们的防御。儿童曾经得以完全控制他们的过渡性客体，但是，待他们长大成人之后，其中的某个过渡性客体又会被重新激活，布朗的案例正是如此。儿童极主观地将他们的过渡性客体摆放在自身及其所处的环境之间。因此，他们会认为，他们对环境本身也享有类似的主权，他们可以维持那些虚幻的特权，可以根据在客体关系中的愿望、恐惧和焦虑所引发的压力，承认或否认外部客体的存在。在我治疗布朗的这段时间，有些精神分析师（Modell，1968；Fintzy，1971）已经这样写道，边缘性患者的客体关系停滞在过渡性客体的阶段。

在第三年的分析之中，有一天，布朗前来会谈，说自己读到了一篇关于泰迪熊的文章，里面说到，某些成年人会紧抱着这些儿童时期的珍宝不撒手。这篇文章是某个新闻报道者所写，其实与"过渡性客体"有关。我知道，布朗在童年时代的冰冷环境之中，并不被允许拥有这样一件珍爱之物。他是殖民时期英雄的后代，不应该与这些"蠢"东西玩耍。可能正是由于这些原因，我想，他用具体的白日梦，创造了自己的过渡性客体。

他的这个宝库有着无数的可能性，其中的白日梦是取之不竭的，他可以任意挑选自己心爱的白日梦内容。当他感觉到自己有需要的时候，他都可以一次又一次地使用这些白日梦。他可能会将某些内容在表面上改头换面，但是基本的主题都是保持不变的。他会给这些白日梦起名字，有时候，他不会按照平常的方式描述这些白日梦，而是会简单地说："我又有了一个什么样（so-and-so）的幻想。"在他命名过的白日梦当中，主要的名字有："被强奸的女孩""华丽的公牛""最伟大的棒球手""慷慨的女士"和"铁球"。在"被强奸的女孩"幻想中，他拯救了女孩们，使她们免于被强奸，她们便成为爱慕他的奴隶。作为一头华丽的"公牛"，崇拜他的女士们向他掷出鲜花，但是他没有（或者说几乎没有）面对过斗牛士。作为一名最伟大的棒球手，他在壮丽的孤独之中，独自而又华丽地玩着棒球。在"慷慨的女士"幻想中，他被一位女士所爱慕，她会满足他的一切需求，会为他提供食物和性。铁球，则是他的夸大性自体所赞美的国度。

他开始明白，有时候，他会过度使用某些特定的白日梦来"虐待"它们，就像孩子有时候会"虐待"自己的过渡性客体一样。他会展开一个"慷慨女士的幻想"，结束它，然后再展开它，在某些方面做出一些细微的改变，完成它，然后又重复这个幻想，再做出进一步的改变。看起来，他似乎已经感觉到了一种强烈的兴趣，想要拉扯和拿捏某个可触碰的客体。然后，当他想要去睡觉的时候，他会珍视它，因为它有一种令人感到舒服的质感。他心爱的白日梦所运用的材料，均来自他周边环境中唾手可得的一些内容。例如，他看到了一位有趣的女士，这样的外部刺激便会被他内在的优势观念所更改，用以持续地喂养他心爱的白日梦。然后，他就会待在一个好奇的位置，接受或者拒绝外部现实中的客体。在某个现实里面，这位女士看起来是一位陌生人，而在另一种现实里面，她又成了一位慷慨的女士。

当布朗理解到自己心爱的白日梦所具有的重要功能后，他便将所有的白日梦都联结了起来，这一次，他将它们统称为"围着我的枕头"。有一天，当他再一次把我说的话像"琐碎之物"一样丢弃的时候，我发现自己不由自主地告诉他，我们之间是一种双向的契约关系，如果我们共同的工作不再产生意义，那么我们的契约是可以终止的。也许，我是生他的气了。但是，我为什么会在这个时候不由自主地做出如此强力的表达呢？我很快便意识到，布朗已经准备好与以下事实抗争了：真实世界之中的元素不再始终都处于他的控制之下，作为一个成年人，他不需要一直藏在枕头后面来与真实的客体产生连接。我说的这些话让他感到震惊：分离的威胁，首先使他对心爱的白日梦有了更多的需求。我并不为此感到惊讶。不仅他心爱的白日梦开始变得丰富起来，他还开始出现各种各样的视觉意象。在某种意义上，他心爱的幻想开始变得鲜活起来！比如，当我告诉他，他在嘲讽自由联想，他并没有感到焦虑，而是产生了一个关于自由联想的视觉意象———一列货厢，这些货厢组合起来，形成了一列火车。当我能够激发起他对这些现象的好奇心时，他便解释道，在这些意象之中，以及他心爱的、那些更为精巧的白日梦之中，他投注了自己所有的感知觉，他眼见、鼻嗅、舌尝、耳闻和手触着那些心爱的幻想之中出现的事物。他所做的每一个白日梦，都与温尼科特（1953）关于过渡性客体的描述相符，都有其自身的现实。

有时候，我深深地着迷于他华丽的类比和创造性的感知觉意象，它们代表着他的感受状态或感觉；有时候，我需要提醒自己，过渡性客体有其创造性的一面。通过使用过渡性客体，孩子可以在某种程度上擦除现实；也可以用它们在某种程度上创造一个新的现实，并以此作为起点，逐步朝向合理的现实，去了解外部的世界。我提醒布朗，他最近在写一份重要的工作报告时体验到了沮丧的感觉。对于他创造出来的那些壮丽意象，我让他去思考，如何让他创造性的能力变得更具适应性，让其更具有成人的用途。在贫瘠的童年环境中，他心爱的白日梦无疑具有一种适应性的价值，而在他成年之后，这些白日梦则成为一些缓冲物（枕头），阻止他以另外一种方式来了解成年现实的本质。布朗在寻求一种保证，他想保证自己在放弃心爱的白日梦之后，可以在真实的关系之中成为一个"完美的男人"。他觉得，真实生活之中那些悲伤和沮丧的体验，可能会将他带回到自己的白日梦之中，但是，他对那未被幻想所歪曲的生活产生了好奇

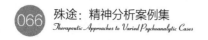

心，而且这些好奇心开始占据优势了。

在第四年的分析刚开始的时候，布朗一度从沙发上撤回到了心爱的白日梦之中，我说："现在，你有你自己的泰迪熊了！"他的反应很强烈，喊道："我从来就没有泰迪熊！"他将自己比作一个海洛因成瘾者，开始想要停止自己对白日梦的嗜好。在某种程度上，他开始表现得就像是某个抱着泰迪熊的人，好奇地想知道它究竟是用什么材料填充的。比如，那"被强奸的女孩"的白日梦，其"填充"的元素来自真实生活的历史。布朗是在父母结婚九个月之后出生的，他基于这个事实推测，自己的母亲是被父亲强奸的，因此，这个幻想的某个层面便与这个推测产生了关联；另外，他在与妻子结婚之前"强奸"了她，因此，他便将坏母亲的意象并入了妻子的意象之中。在他心爱的白日梦中，被强奸的女孩/母亲/妻子都必须在他的控制之下。而且，"她们"是被羞辱的人，而他是超人拯救者。

他也曾利用过埃伦，好像她就是那个遭到强奸的女孩，后来成为崇拜他的奴隶。如今，他开始重新考量他和埃伦之间的关系，他总结到，这段关系有一种"雾蒙蒙的"性质。它是真实的，同时又是被幻想出来的。我们现在可以更好地看到，这段关系也被布朗用于处理高度具体的冲突，而这些冲突又属于不同的性心理发展阶段。例如，那位法官的女儿象征着坏母亲，也象征着阉割性的父亲和他自己饥饿的自体。通过情人身上的伤疤，他的阉割恐惧被隐藏了起来；由于埃伦缺少牙齿，他的阴齿恐惧也得以被放置一旁。使用一种元素、一种象征、一个事件来控制不同来源的心理需求，这就是精神分析中的凝缩概念，实在是令人称奇。

作为过渡性客体的分析师

布朗小心翼翼地努力着，尝试戒掉做白日梦的瘾，当它们出现在脑海之中的时候，他会让它们停下来。同时，在移情方面，我感到自己开始成为他主要的过渡性客体了。我想象着，他使用着我，把我当作一座桥梁，将自己与外部客体相连。但是，当他看到自己正在面对的东西或者他所遭遇的事情时，他会在某种程度上把我跟这些客体混淆起来。我决定，在分析的这个阶段，我应该引入一个新的技术策略，谨慎地将我自己与其他的客体分离开，这对布朗是有利的，同时也是为了在我自己周围划出一道边界。我希望这些做法能够"教会"布朗：我是外部世界的个体，我有我自己的权利，而当布朗能够如此看待我的时候，他也将能够单独地看待其他的人或事物，并知道他们都有自己的权利。

布朗并没有受到精神病的折磨，他在日常生活中也有现实检验的能力。实际上，他是一个颇有造诣的科学家，但是，他在亲密关系之中可能会模糊现实，因为这些关系会在他的内心反映出童年时期的愿望和恐惧。例如，有一天，他在一次会议上遇到了一位精神病学家。第二天，他在沙发上说到了这个人，仿佛他是我的一种延伸物，仿佛我们在某些方面有着同样的观点。在现实生活中，我认识这个人，但我们只是点头之交。我注意到，布朗把我和这位精神病学家"混淆"在一起了，于是，我大声地说："现在，我知道了，我比泽维尔博士要高一些，我留着小胡子，而他并没有胡子。他以咨询师的身份为州立监狱系统工作，而我是一个精神分析师。"布朗知道我在做

什么。我们回到他刚刚开始接受分析的时候，当时，他把我与一位女士混淆在一起了，那位女士讲英语的时候带着一种口音，而他与这位女士发生了性关系。我暗示他，作为一个成年人，他不需要一个由他所控制的缓冲物来介入与其他人的接触，他可以更为直接地与他们产生接触。

在他分析的这个阶段以及之后的时间里面，他开始卷入一些与同事有关的事件之中，他开始感到有点儿心烦意乱了。我觉得，他正在小心翼翼地发现生活的本质，而不再想要生活在铁幕之后。对于他的这些努力，我什么都没有说。这时候，他是不应该被打扰的。他正在学习新的自我功能。他进一步地练习着，练习着投入现实之中去。有一次，我向他做出了解释：他频繁地使用"我猜"或者"我想"这样的短语，这说明他还残留着一部分，不愿意投身到真实的世界，他还在努力想要使自己的客体带有过渡性的特点。比如，他给饭店打电话，为他和妻子预订晚餐，之后，他会在沙发上说："我猜，那家饭店的名字应该叫鲍勃家。"我向他解释道，通过使用"我猜"这样的短语，他将晚餐之约变得既真实，又不真实。他解释说，在过去，他还在某个层面上相信着，他心爱的白日梦可能刚刚发生过。现在，他可以完全地确定某种刺激可能会促使他展开白日梦，比如说，他看到了一位胸部很大的漂亮女士，这种情况便会令他展开一个关于慷慨女士的白日梦。相应地，他现在也可以停止发展出心爱的白日梦了。

开始好转

　　心爱的白日梦及与之相关的意象的神秘的面纱逐渐被揭开了，布朗开始能够表达懊悔和悲伤了。现在的他，已经能够和孩子们真正地玩耍了。分析刚开始的时候，他穿着灰色和浅棕色的西装。现在，他穿着色彩丰富的衣服，在市政事务方面变得很活跃，支持不少政治活动，他觉得这些活动更富有人情味，更加民主。他说，在接受分析之前，他觉得自己在人群之中不过是个如悬浮物一般的存在，但是他觉得自己现在是融入其中的。他在专业方面的声望也增加了。他也开始将我看作另外一个人类（不再是一个被贬低的人类），开始对我个人感到好奇。他想起了奥利芬特的漫画，他说："边角处的那些小人物是很重要的，甚至比主画面本身都重要。我一直都把你（分析师）放在一个框架的角落里面，但是在我的内心深处，我一直都与你有强烈的连接。"

　　在第四年的分析快要结束的时候，布朗开始谈到结束分析的问题。他回忆起自己的目标是获得一种"极佳的精神分析"，他难过地说，分析并没有将他打造成一个"完美的超人"，但是他能够成为一个"完美的普通人"也是令他很高兴的（后来，他特意说明要去掉"完美"两个字）。这样的他，既不在山脚，也不在山巅，看着生活的悲喜，他觉得自己作为一个人是很欣喜的。他补充说，他可以为了友谊而享受游戏，能不能赢过别人已经不再重要了。

　　他开始对修理和装饰自己的房子有强烈的兴趣。我想，这个行为象征着布朗尝试着在内心进行结构性的改变。我也注意到，对他而言，这也是他在自己躯体方面的一种尝试，他在证明自己已经克服了梯子恐惧症。布朗开始专注于将阳台（象征着乳房）打理得井井有条，我向他解释说这是他的一个愿望，想让自己母亲的乳房变"好"。他接受了这个解释，之后，他继续享受着工作。我感到布朗已经获得了升华的能力。期间，他给母亲打电话，问她小时候母乳喂养的情况。这是典型的**回望**（Novey，1968）行为：有些患者在分析之中修通内部的问题和冲突之后，会回到自己童年的场所，并且（或者）会与那些童年时期在他身边的成年人交谈，收集信息，核实他们新近获得的领悟力和改变。

直到他与妈妈发生这个时期的谈话之时，布朗都坚信母亲能够用饱含乳汁的乳房喂养他，而这是因为她爱吃玉米。他还相信，也试图让我相信，这个故事是他在小的时候听说的。布朗的母亲说，她试着母乳喂养了几周的时间，但是她觉得自己的乳汁对他来说是"坏的"，所以就改为奶瓶哺乳了。得知实情的布朗感到非常惊讶。如今，布朗想起来，在他那些退行的体验之中，当那些色彩斑斓的气球在他嘴巴里面进进出出（伊萨克维尔现象）的时候，他还有一个关于地平线的视觉意象。现在，他终于理解到，那个"地平线"是由一个又一个奶瓶组成的。我想再一次地提醒所有的精神分析师，有时候，在几年的分析之后，受分析者讲述给我们的故事发生了改变。然而，重要的是关于那些事件的"心理现实"。当我们谈及母乳喂养的这些经历时，布朗联想到了一个卡通角色，它可以用自己的"水之面孔"将人们覆盖，使他们窒息。当他想到这个的时候，他知道，母亲喂养他的时候，在心理层面上是令他感到窒息的。之前，他一直都相信自己是一个特别的人，他感到自己的这个"需求"可以回溯到很早期的生活。如果他的母亲在母乳喂养方面存在困难，她就很有可能会在婴儿期持续地"拒绝"他。这种感觉让她认为自己很糟糕。但是，如果能让布朗逐渐发展出一种高人一等的感觉，她便得以摆脱这种糟糕的感觉了。

　　第五年的分析刚开始的时候，实际上，布朗对自己心爱白日梦的叙述已经被取代了，取代它们的是他报告给我的梦，虽然他还是会让这些白日梦周期性地继续存在。他心爱的那些白日梦，如今已经失去了魔力，不再能够满足他。我想，他晚上做的那些梦，专门指向了他在俄狄浦斯方面的抗争，以及他想要找到一个好俄狄浦斯父亲的愿望。在梦中，他的父亲（以父亲的形象直接出现）让他在机场迷路了，但精神分析师（以分析师的形象直接出现）带他走上了正确的道路。他问我，在土耳其我的姓是怎么发音的。他说，在分析结束之后，他愿意与我成为直呼姓名的亲密朋友。我并没有回答这个问题。之前，他在我身上放置了其他的意象，而现在，他把我当作一个"新"的人，将我从意象的污染之中独立了出来。我做了一些表达，对他表现出来的兴趣予以欣赏。每一个分析的过程都有其现实的基础：分析师并不是患者的父母、照顾者或朋友。分析师因自己的工作而收取费用。在分析过程中，当患者处于"火热"的移情体验之中时，精神分析师象征着他们古老的客体。然而，受分析者结束自己的分析之后，现实基础再一次占据了重要位置。精神分析师不能与过去的患者成为朋友。在这里，有一个例外的情况：如果受分析者在接受训练分析之后成为精神分析研究所的老师，那么，在几年之后，

他/她就可能会与自己以前的分析师成为亲密的工作伙伴。

亨利八世

　　在分析之中，布朗带来了一个新的白日梦。这个白日梦是一个信号，说明他已经发展出了整合的自体意象。在他告诉我之前的那一周，他已经重复做了好几次这个白日梦了。显然，他最初很担心自己做那些心爱白日梦的旧习好像又回来了。然后，他意识到，这个新白日梦的内容与以前的白日梦有很大的不同。他告诉我：

> 我身处英格兰，亨利八世[1]是国王。
>
> 我成为一个民主团体的领袖，
>
> 它刚刚在某个外国势力的支持之下成立；
>
> 创建它的目的，是为了将一种更轻松自在、
>
> 更民主的生活方式带给英格兰。我俘虏了
>
> 亨利八世，并将他收监，我很高兴，
>
> 我意识到自己可以杀死
>
> 国王，但是并不必要这样去做，因为
>
> 国王好好地关在监狱里面，已经不再碍事，

---

[1] 亨利八世（Henry Ⅷ, 1491—1547），都铎王朝第二任君主（1509—1547），是亨利七世与伊丽莎白王后的次子。亨利八世为了休妻另娶，与当时的罗马教皇反目。他推行宗教改革，并通过一些重要法案，容许自己另娶，并将当时的英国主教立为英国国教会的大主教，使英国教会脱离了罗马教廷，自己则成为英格兰最高的宗教领袖，他还解散了修道院，使英国王室的权力达到了顶峰。——译者注

也不会再造成什么危害了。

　　布朗告诉我，在他做这个白日梦之前，他刚刚开始阅读亨利八世的传记，开始了解这个专制而又全能的国王。他回忆起来，大概在一年以前，有一天，我说他像一个"专制的小国王"，当时他向我描述了自己在家里对待家人的方式。现在，他想，在某种意义上，阅读亨利八世的传记，其实就是在拜访自己以前那个自恋性自体。他说，因为他那位殖民时期的祖先有着英格兰的背景，所以，当他选择了一位英格兰的国王来当作自己新白日梦的角色，用以象征他自己的夸大时，他对此并不感到惊讶。据布朗所说，亨利八世很胖，"因为他想吃什么就可以吃什么"。因此，他还把"胖国王"和他那吃了玉米之后的"胖母亲"联系在了一起。有趣的是，他在那本传记之中注意到一个脚注，该脚注与土耳其人（分析师乃土耳其裔）有关，它描述了土耳其当时的力量，以及他们对维也纳城门的猛烈袭击[1]。他马上意识到，那个友善的外国势力代表着他的土耳其裔美国分析师。在布朗的白日梦中，他并没有向那些具有攻击性的土耳其人寻求帮助，而是向友善的外国势力（分析师作为一个"新的客体"）寻求了帮助。他将书中的脚注与奥利芬特漫画中的小角色联系在了一起。

　　当布朗提及他的新白日梦时，亨利八世最广为人知的肖像画之

---

[1] 奥斯曼帝国曾经与维也纳发生过多次战争，规模最大的一次发生在1683年，当时的维也纳被围困长达两个月的时间。——译者注

一（也就是汉斯·荷尔拜因[1]于1536年绘制的作品）浮现在我的脑海。我想起来，当我第一次见到布朗的时候，我是如何将他想做画像之中一个面容冰冷的王子。现在，我意识到，尽管国王很胖，而布朗很瘦，但我还是将他想成了亨利八世。亨利八世这个角色在很多电影作品之中都有出现。我最喜欢的一部是1933年拍摄的黑白影片《亨利八世的私生活》，片中的亨利八世由影星查尔斯·劳顿[2]扮演。我对亨利八世有一些了解，对他作为改革者的角色也很熟悉，他将圣公会教堂从罗马的组织里面脱离了出来。他的照片不仅仅出现在历史书籍之中，还会在宗教书籍里面出现。我和布朗都知道亨利八世的生活故事充满了戏剧性和悲剧色彩。这位国王结过六次婚：他与第一任妻子离了婚，砍掉了两任妻子的头，一任妻子自杀身亡，最后一个妻子活得比他还长。这位国王声名显赫，养着诸多情妇。

在好几次会谈之中，布朗都跟他的新白日梦待在一起，他与我找到了与亨利八世有关的六个含义。如上所述，布朗在对自己的白日梦进行最初的联想时，已经表达出了其中的一部分。以下便是含义的条目：

1.亨利八世有着许多重要的头衔，他是"第一名"。他代表着布朗的夸大性自体。

---

[1] 汉斯·荷尔拜因（Hans Holbein, 1497—1543），德国画家，擅长油画和版画，属于欧洲北方文艺复兴时代的艺术家，最著名的作品是众多的肖像画和系列木版画《死神之舞》。他为亨利八世及其几位妻子绘制过很多肖像画，还曾为亨利八世设计过朝服。1543年，他在为亨利八世绘制肖像画的过程中，不幸感染瘟疫去世，年仅48岁。——译者注

[2] 查尔斯·劳顿（Charles Laughton, 1899—1962），英国著名演员。1933年，劳顿因出演《亨利八世的私生活》中的亨利八世而荣获第六届奥斯卡金像奖最佳男主角奖。——译者注

2.亨利八世很胖，而且很傲慢。他代表着布朗想象之中的理想化母亲，在布朗出生之前，她开始变得肥胖，有着足够多的奶水。亨利八世是一位"好"母亲。

3.亨利八世还代表着"坏"母亲。在布朗的想象之中，亨利八世代表着母亲，在布朗的弟弟出生之后（他最近才知道，自己接受的母乳喂养其实只持续了几周而已）便拒绝了他（谋杀了他的灵魂）。这位国王也确实拒绝或杀害了妻子，然后便去寻找下一位妻子。

4.亨利八世是专制而残暴的，代表着小布朗的攻击性。国王砍掉了两任妻子的头。他是一位"杀手"。布朗意识到，作为一个孩子，他也潜意识地想要做一位杀手，杀掉他的"坏"母亲。事实上，读者可能还记得，他曾经想要除掉自己的弟弟。

5.亨利八世是一位改革者，他把英格兰从罗马的控制之下"拯救了"出来，他代表着布朗有了一个新的自我功能。在外国分析师的帮助之下，他现在可以把自己从自恋型的人格组织之中解放出来，开始一个崭新而又"更易实施的民主生活方式"了。

6.（在白日梦中，）亨利八世被关进了监狱，被好好地关押了起来，并没有被杀掉。这代表着布朗有了一种能力，可以压制和驯服自己的攻击性。

关键时刻体验

布朗将理想化的母亲及与之相关的夸大，与"坏"母亲及他被拒绝的自体整合到了一起，将它们置入了同一个躯壳。他内心相互

对立的意象及与其相关的对立情感，如今发生了相互碰触。布朗对自己关于亨利八世的幻想有了心理学层面的理解，使他有了关键时刻的体验。1946年，梅兰妮·克莱因[1]首次使用了**关键时刻**这个术语。她写道："完整的客体包含着爱与恨两个层面，这两个层面之间的整合，引发了哀伤和内疚的感受，这意味着婴儿的情绪和智力生活出现了关键的发展。对于个体而言，究竟是会罹患神经症，还是会罹患精神病，这也是一个关键时刻。"（p.100）如今，对于儿童心理发展进化过程中的儿童发展以及母婴交互，我们已经有了很多的了解。我们也知道，有些孩子没能发展出整合的自我表征。在童年时期，个体如果没能抵达关键时刻，成年之后便会卡在某种人格组织里面，而在这种人格组织之中，分裂便作为一种防御，占据了主要地位。

奥托·克恩伯格[2]（1970）在讨论自恋型人格组织患者的治疗时，转回到了克莱因关于关键时刻的概念上来。他陈述到，当患者开始意识到，自己那些理想化的概念其实基本上是一种幻想性的结构时，他们病理性自恋的自体结构（夸大性自体）也就开始被化解了。他写道，"对理想化母亲深深的仰慕和爱"以及"对受到扭曲而变得

---

[1] 梅兰妮·克莱因（Melanie Klein, 1882—1960），犹太人，生于维也纳，奥地利裔英国精神分析师。克莱因对精神分析的理论和技术有着深远的影响，被认为是儿童精神分析和客体关系理论的先驱。克莱因的主要著作主要被收录在四卷本的文集之中，包括：《爱、罪疚与修复》《儿童精神分析》《嫉羡与感恩》和《儿童分析的故事》。——译者注

[2] 奥托·克恩伯格（Otto Kernberg, 1928—　），生于维也纳，他早先在智利学习生物和医学，之后在智利精神分析协会学习精神医学和精神分析。1961年，克恩伯格移居美国，加入门宁格纪念医院，并成为医院院长。他曾于1997—2001年担任国际精神分析协会主席。他在自恋、客体关系理论和人格障碍等研究领域有杰出贡献，他发展出的移情焦点治疗在治疗边缘性人格障碍患者方面取得了重要的突破。克恩伯格著有《边缘状态与病理性自恋》(1975)、《客体关系理论与临床精神分析》(1976)、《严重人格障碍的治疗策略》(1984)、《边缘性人格障碍的移情焦点治疗》(1998)和《严重人格障碍的自杀风险：诊断与治疗的差异》(2001)等。——译者注

危险的母亲之仇恨"，它们在移情之中相互遭遇，在这个关键时刻，患者可能会体验到抑郁和自杀的想法，"因为他虐待了分析师以及自己生命中所有最为重要的人，他可能会感觉到，那些他本来可以去爱的人和那些可能曾经爱过他的人，他的确摧毁了他们"（p.81）。在之前的作品中，我曾经详细描述过接受分析的患者在关键时刻体验之中的临床表现，他们通常使用分裂作为主要的防御机制（Volkan，1974，1976，1987，1993，1995）。在这些体验发生的过程中，没有任何一位患者出现了自杀倾向。我相信，这是因为，这些个体在尝试关键时刻的体验之前，体验到了治疗性退行（就像布朗之前那样）。如果采用了别的一些技术，导致患者没有体验过这些退行，可能会使得患者在尝试关键时刻体验的时候倾向于抑郁。有趣的是，我观察到，在抵达关键时刻之后，某些患者对之前能够回忆起来的童年事件和幻想变得明显地"健忘"起来。他们开始使用压抑作为自己主要的防御/适应，这与神经症性人格组织的个体是很类似的。

当我们分析的患者具有神经症性人格组织时，分析工作会带领我们解决俄狄浦斯冲突，即便我们最初可能需要处理某些前俄狄浦斯期的冲突。当我们分析的患者具有典型的自恋型人格组织时，分析工作的主要方向便朝向患者抵达关键时刻体验，以及形成整合的自我表征。然后，患者便可以第一次以整合的自我表征来面对俄狄浦斯议题。然而，在分析的这个阶段，这些个体对俄狄浦斯议题的处理，与神经症性人格组织的人们进行抗争的经验并不类似。关键时刻的体验发生之后，患者很像是一个孩子，他们刚刚拥有了整合的内部世界，这是他们第一次穿越俄狄浦斯阶段。

现在，我该回到布朗的故事之中了。我开始关注布朗的内部世界在发生整合之后产生的结果。当一个人发展出了整合的自体感，他的行为表现与那些神经症性人格组织的人们就没什么不同了。布朗对自身之前的内部世界进行了重建，开始将自己的注意力转向性心理冲突。他开始在会谈之中频繁地谈到性的议题。之前，他一直自恋地认为自己的阴茎非常巨大，它的存在就是为了性交，而现在的他开始觉得自己的阴茎变小了，它是为爱而设的。有一天，他注意到自己的一个阴囊比另外一个要小一些，他就幻想自己那个比较小的阴囊会萎缩下去。他并没有把这些忧虑告诉我，而是去咨询了另外一位医生。这位医生告诉他，两个睾丸不一样大是非常正常的。当然，布朗他自己就是医生，其实他完全知道这个事实。见过这个医生之后，他意识到，他之前的"铁球"现在正象征着他的睾丸[1]，而且是那个在他想象之中发生了萎缩的睾丸。他正在失去"铁球"。他也意识到，他想要确定自己是一个跟其他男人一样的男人———一个普通的个体。

我告诉他，做一个"普通人"并不是一件坏事。做一个"普通人"，这并不意味着他应该和其他人一模一样，他依然可以保持着自己独特的身份，保持着与这个身份有关且美好的那一部分。然而，现在的他已经不会再不可遏制地冲动，反复地把自己与别人做比较，也不会因为无法感觉到自己是"第一"而感到耻辱。我告诉他，做一个普通人，就是去享受生活，变得具有弹性，笑对生活中不公平的

---

[1] 在英文中，"Ball"这个词也有"睾丸"的意思。

那一面，而不是躲在一个"铁球"之中。

分析的结束

　　布朗开始提到分析的结束了。即将到来的分离使他体验到一种强烈的悲伤。这是一个非常好的预兆。穿越了关键时刻的体验之后，具有自恋型人格组织的人会感觉到痛苦、懊悔和感激，并开始具有感受悲伤的能力。对布朗这样的患者而言，哀悼本身就是一种新的体验，它的出现说明治疗的结果是积极的（Searles，1986）。我告诉布朗，我现在已经准备好与他讨论他想要结束分析的愿望了，也准备好去帮助他设定一个结束的时间了。面对这个提议，布朗的回应是做出发狂的行为，并且梦到自己偷了钱，把钱藏在了自己的大衣里面，"朝着夕阳"，骑着自行车远去。我解释说，他在使用肛门克制性的防御（储存钱/粪便）对抗分离。那天晚上，他在自己家的卫生间里"不小心"弄坏了马桶装置。他幻想自己储存了一些粪便，并急于在我开展精神分析的沙发上面留下一坨"巨大而漂亮的大便"。弄脏沙发后，这样，其他的患者（他的弟弟）就不会再使用这个沙发，侵占他的地盘了。他也就因此可以永久地占有分析师了。他想要制造完美的粪便，虽然，他说自己现在知道这种东西其实是不存在的。当他意识到自己的所作所为时，就开始笑了起来，但他说，离开我让他感到悲伤，尽管他意识到，自己的治疗抵达尾声正是因为他经历了巨大的改变。

　　我们对以下的可能性进行了讨论：如果由我来设置一个结束的

时间，他可能会觉得分析师是在拒绝他，他便会想要退回到自己的铁球里面去。然而，如果我等待着他来确定一个日期，他依然有可能会觉得我是在拒绝他。因为，他可能会认为我对他的挣扎漠不关心。我们讨论并体验着**相互性**（mutuality）的概念，在这个过程之中，布朗和我最终决定共同商定结束的日期。

当我们决定自此三个月之后结束分析，布朗对自己儿子的兴趣便与日俱增了。读者们应该还记得，当注意到自己的儿子并不"完美"时，布朗的自尊受到了重大的打击，才导致了一系列的事件，最终将他带入了分析中。他告诉我，妻子一直都觉得这个男孩像她一样虚弱。在布朗看来，这个男孩正面临着分离个体化方面的艰难。他并没有问我对此的看法，而是很主动地带自己的孩子去见了一位儿童精神科医生，尽管可想而知，妻子因为他采取的行动而"狂怒"，而这一点最初也确实吓到了他。然而，在布朗的坚持之下，孩子开始接受精神科的治疗，他高兴且很惊讶地意识到，妻子之后的反应是一种温暖的感激。尽管如此，我仍能感觉到她的焦虑，也就是说，当布朗变得越来越能表现出适度的坚决时，她之前与丈夫之间的冷淡关系已经发生了改变。我自己也很想知道这段婚姻会不会持久。尽管，布朗开始说他现在能够感觉到来自妻子的温暖，但是我感到，妻子面对丈夫发生的巨大改变还是有点不知所措。我决定将婚姻及其未来的话题留给布朗自己去解决。

一直到分析即将结束的时候，布朗都在断断续续地考察着自己的白日梦，他以此作为工具继续着自己的分析工作，尽管事实上他已经不再做那些心爱的白日梦，也不再有那些过渡性的幻想了。他有时也会有幻想，也会把幻想带至分析之中，但它们只如同是夜晚所做的梦，他会对这些幻想进行自由联想，获得领悟，然后继续前行。

在他诸多的白日梦之中，有一个白日梦能够让他得以处理与我分离的问题。有一天，他开车去乡下出席一个专业会议，开车的时候，他就有了一个幻想。在这个幻想之中，他遇到了车祸，损毁了左脸。他幻想自己被送往一家面部修复医院，而我的办公室就在这家医院。一个人开车的时候左脸所具有的脆弱性，与布朗躺在我的沙发上时，向我展示出来的那一侧脸部所具有的脆弱性，这两者在我的心里联结到了一起。我什么都没有讲，只是等待着。布朗的自由联想表明，他带来了一个非常早期的、致病性的潜意识幻想。这个幻想关系到他在心理层面与母亲分离时内心产生的挣扎，在他与分析师的分离临近时，这一点被激活了。布朗将这样一个画面进行了视觉化：还是一个小婴儿的布朗接受母乳喂养的时候，他的左脸倚靠着母亲的乳房。他意识到，最近一个月甚至更早之前，他就一直在做一个梦，这个梦可能与此有关。他现在完全清楚了，正是从那个时候开始，他在沙发上躺着的时候，发展出了轻轻按摩自己面孔边缘（特别是左边面孔）的习惯。他无须我的帮助便继续说到，他一直都试着在自己面孔的周围设立边界，好将自己的皮肤与母亲/分析师的皮肤分离开来。当他谈论着自己的幻想时，他做了一个类比，他说，他通过接受分析来了解自己面孔皮肤的边缘，就像是一个聋人想要通过感受自己的声带来学习说话一样。他记起了那个名叫"水之面孔"的漫画角色，正是这个角色，激活了他早年在与母亲的互动之中体验到的那种窒息感。如今，被坏母亲窒息而死的恐惧，已经在移情之

中被个体化的感觉所取代。他体验到了巨大的解脱感。

分析结束的日子越来越近了，布朗已经不再使用白日梦来考察自己的内部世界了，他带来了一部名叫《魔童村》[1]的电影。导演是沃尔夫·里拉，这部电影给他留下了深刻的印象。电影中有一些奇怪的孩子，他们有着神秘的力量，可以仅凭看着别人就能够使别人按照自己的意愿行事。但是，布朗觉得，他们这样做是出于自我防御。他认为，当他还是个婴儿的时候，他躺在自己的婴儿床上，可能也觉得自己拥有这种能力，他之所以使用这种能力，是因为他觉得其他人可能会摧毁他。

这是他最后一次回到与心理分离相关的议题。现在，他终于能够完全地明白，在过去，他的亲密关系一直都是模糊不清的。不过，对他而言，将自己与那些不亲密的人分离开来并不困难。他想起来，在他与埃伦有私情的时候，他心里有一个想法，就是想要把她转变成自己身体的一个延伸物。法官的女儿正是布朗那受到贬低的饥饿自体，而在这个幻想之中，他曾经想要拥有它。然而，他主要是需要把埃伦当作他那饥饿自体的外部容器，从而可以（通过使用分裂的防御机制来）保留自己的"外部层面"。如今，布朗正在走向自己精神分析过程的尾声，他带着一种极大的愉悦感告诉我，他崭新而整

---

[1] 电影原名为《被诅咒的村庄》(*The Village of The Damned*)，中译名为《魔童村》，电影剧情大致如下：美国一个只有两千名居民的小镇，小镇的居民突然在上午十时集体陷入昏迷，美国联邦政府派遣病理学家柯斯迪·艾黎前往当地负责调查此事，但并无结果。数小时后，全镇恢复苏醒，但怪事从此不断发生。首先，所有妇女都同一天怀孕，包括处女。其后，她们在同一天生下来的孩子都有着一头白发，并且都是具有超自然杀伤力量的异种。镇上的医生克里斯托弗·里夫是其中一个孩子的父亲，他经过长期观察和努力之后，发现他们是缺乏"人性"的外星移民。——译者注

合的自体已经完成了它自己的分离个体化，有了它自己明确的边界。在他接受分析的最后六次会谈之中，这个话题成为焦点。他说，不管对方是不是一个与他亲密的人，他现在都能够去体验亲密的皮肤接触，而且，这样做并不会扰动他自己皮肤的完整性。最后的最后，他与我发生了皮肤的接触；我们握了握手，微笑着，然后让我们双方的皮肤再度分开。之后，布朗永远地离开了我的办公室。

随访

精神分析的随访研究是非常困难的。接受分析之后，我们的患者有了新的身份，但也失去了自己过去的一些身份以及他们对分析师的各种移情意象，他们对此进行哀悼，并最终结束了分析。而一旦分析结束，他们其实并不需要立即与分析师再度会面。

我和布朗的情况也是如此。在布朗的分析结束之后的第一年，我收到了一些简短的报告，这些报告来自那个为布朗的儿子进行治疗的精神科医生，他想要向我咨询一些事情。在这些咨询当中，我了解到，布朗和妻子有时候会到精神科医生的办公室去。这位精神科医生发现，布朗对孩子福祉的关注是很适度的，他显得很愉快，也很坚定自信。在这位精神科医生看来，这个孩子在个体化方面存在着困难，这一点其实受到了布朗妻子的重要影响。他描述说，让自己的孩子长大成人使她感到非常焦虑，她大部分的时间似乎都在"黏着"孩子。精神科医生觉得，布朗想要离开这段婚姻，但想到自己也许对儿子有所帮助，他便又想要委身其中。之后，我再也没有从这位儿童

精神科医生那里听到什么别的消息，我也没有打电话给他，向他询问布朗的情况。

分析结束两年之后，在一次社交聚会上，我从一个认识布朗的人口中得知，布朗的专业声誉日隆，他的职业发展得很好。这个人也说到了一些八卦，他说布朗已经与妻子分居，正等着离婚。我并没有参与这场"社交"谈话，也没有提及我与布朗相识的事情。

直到分析结束六年之后，我才再次得到了布朗的消息。有一次，我去参加一个公共会议，当时，我正在排队领餐。我注意到我前面有一对俊美的情侣正在打情骂俏，他们深情地五指相扣。当这位男士转过身来，到处寻找什么东西的时候，我认出来，他正是布朗。他也认出了我。他朝我露出了深情的笑容，走过来握了握我的手，并把他的新妻子介绍给我。然后，我们都重新回到自己在领餐队伍里面的位置。突然，布朗独自靠近我，他的眼睛里面闪着光，低声对我说："现在，我有了世界上最好的妻子，谢谢您！"然后，他向我眨了眨眼睛。我感到他很温暖。后来反思这个事情的时候，我觉得，布朗宣称自己拥有了"最好的"妻子，可能说明他还徘徊在自恋性的议题上面；但是，当时布朗眼中的光亮，以及我自己对这个事情的温暖感受都在告诉着我，布朗想要让我知道的是，他现在有着坚定而健康的自信，他是在对自己之前的夸大开玩笑。这是我最后一次与这位前受分析者发生接触，或者听到与他有关的消息。

第四章 南方美人

在这一章，我将描述针对另外一位患者的完整分析，这位患者也有着夸大性的自恋。通过这个案例，我们也可以看到，历史和文化的议题与个体自身心理特征的形成是如何相互缠绕在一起的。

一个炎炎夏日，我接到了一位资深精神分析师的来电，他之前是我的老师。当时，他正在治疗一位名叫格莱沃的男性患者。我的这位同事告诉我，格莱沃在海滩度假的时候，企图杀死自己的妻子詹妮弗，因为他看到其他的男性在看詹妮弗，尤其是当她穿着比基尼在海滩上走来走去的时候。当他们一起游泳，游到海滩边的一个僻静之处时，他便将她的头长时间地按在水里，恐吓她。直到最后一刻，他才放弃了杀掉她的念头。我的这位老师问我愿不愿意治疗詹妮弗。我同意见见她。

我知道格莱沃处于"偏执状态"，多年来，他一直在我的老师那里接受精神分析治疗。虽然我与格莱沃从未谋面，但仍然对他有所耳闻，因为我的这位资深同事会在专业集会上谈及自己的个案，以便对某些精神动力学的过程进行详细的说明。如今，他问我愿不愿意接待詹妮弗，而其实早在两年前，我的同事就曾经因为格莱沃的问题向我咨询过。当我们相见的时候，我觉得他很焦虑。他告诉我说，格莱沃刚刚拿到了飞行驾驶执照，并且已经开始驾驶一架小型飞机在弗吉尼亚的夏洛茨维尔（我和这位资深分析师都住在这里）低空飞行。就在我们谈话的时候，我突然想起来，我常常看到大学附属医院（我们的办公室正设在这个医院里面）的上空有一架飞机在兜圈子。现在，我终于意识到，那架飞机的驾驶员正是格莱沃。

同事告诉我说，格莱沃打算驾驶飞机撞向他的办公室（这个办公室离我的办公室并不远），想用这种方式杀掉他。我的同事知道，格莱沃实际上是想要杀掉自己儿时的父亲，因为这个父亲曾经长期虐待自己的儿子。但是，考虑到格莱沃处于偏执状态，我的同事觉得格莱沃确实有可能会实施自己的计划。如果我这位以前的老师选择报警，或者将此事通知航空管理机构，那么一定会扰动他与患者的治疗关系。我们俩之间的这场对话，发生的时间比2001年9月11日早了二十多年，而且，在当时，故意用飞机撞向建筑物，在杀掉别人的同时也毁灭自己，这样的想法听起来如同天方夜谭。但是，从另一方面来看，我们面临的危险好像又很真实。当时，我觉得自己对这位同事真的是爱莫能助。

最终，我同事决定不去报警，也不去告知航空管理机构，而是停留在治疗的位置上，对患者保持好奇心，尤其是要去言语化他的意图，帮助患者修通自己的症状：驾驶飞机盘旋在分析师的办公室上空，威胁要杀死他。我知道我的同事成功地处理了这次危机。几周之后，我发现，再也没有飞机盘旋在大学附属医院的上空，我自己的焦虑也随之消失了。

当我的老师向我寻求咨询的时候，我了解到，其实早在他们结婚之前，詹妮弗就已经知道未婚夫正在接受分析，也知道他处于"偏执状态"。其实，她曾经见过格莱沃的分析师，前来接受过咨询。如我所料，当我的这位资深同事见到詹妮弗的时候，他向詹妮弗暗示说，与格莱沃结婚，日子可能会不大好过。然而，詹妮弗面对这位分析师的警告，显然是一只耳朵进，另一只耳朵出。这时候，新娘和新郎只有二十四五岁的年纪。两年之后，格莱沃想要杀死自己的妻子，我之前的老师便问詹妮弗愿不愿意见见我。

詹妮弗给我打了电话，我们预约了一次会面。她来到我办公室的日子，距离丈夫想要谋杀她的那一天，只相隔了四天。她来的时候，穿得就像一个模特儿，好像要准备给一家时尚杂志拍摄封面照似的。她长得极其漂亮。在我的预想之中，我见到的应该是一位非常痛苦的女士，但事实令我感到非常惊讶。回忆起海滩上发生的事件，詹妮弗并未表现出任何情绪。她说自己当时的确感到恐惧，但这种感觉并没有持续很久。她并没有打算离开自己的丈夫，也没有想要报警。看起来，她好像超脱于过去的事件，以及未来可能会发生的事件所带来的威胁。她说丈夫的分析师给她打来了电话，建议她来找我，回顾一下这个事件以及她对这个事件的反应。

在我与她初次会面的这一个小时里，她并未聚焦于丈夫想要谋杀她的企图，而是想知道自己为什么没有想要生孩子的欲望。有时

候，她注意到其他已经结婚的年轻女士会谈论生孩子的问题，或者她们已经生了孩子，并且很享受那种生活。詹妮弗愿意探索自己的内心，去了解自己为什么没有相似的欲望，为什么她见到朋友们的孩子时一点儿都不兴奋。她想知道自己是不是存在什么问题。她说，她实际上是因为这个原因才想来寻求分析的。

美国内战之前的南方文化怀旧之旅

　　我与詹妮弗总共进行了三次面对面的初始访谈，在这个过程之中，我发展出了这样一种印象：詹妮弗成长的那个家庭反映了"旧南方"白人富裕家庭所具有的一些传统。"旧南方"，这个词描述的是内战之前的美国南部社会。它也涉及那些贵族庄园主及其忠诚的家奴。奴隶制度导致的长期争议，引发了美国内战，战争从1861年一直持续到1865年。最终，南部诸州战败。国家重获统一，奴隶们都获得了自由。但是，有些人的内心却仍旧持续地怀念着"旧南方"的传统。

　　在这里，我需要简要地解释一下，我是如何了解到这个传统，以及它与种族主义的联系的。正如我在第一章已经写到的那样，我出生在地中海地区的塞浦路斯，我的父母都是土耳其人。我在其他一些地方也写到过我的童年，以及1957年我来到美国之后，塞浦路斯希腊人和塞浦路斯土耳其人之间爆发的血腥冲突（Volkan，1979a，2013）。有一些作者会引用我的作品，认为塞浦路斯的土耳其人对塞浦路斯的希腊人存在种族主义的思想，反之亦然。然而，这并不正确。在我的成长过程之中，我的家人和我认识的塞浦路斯土耳其人，他们都认为岛上的希腊人和其他民族都是和我们一样的人。当英国的统治结束之后，塞浦路斯共和国成立，到了20世纪60年代，塞浦路斯希腊人和塞浦路斯土耳其人开始发生冲突。的确，在那段时间，双方对他人所承受的痛苦确实都丧失了同情，但这里仍然是没有种族主义的（Volkan & Itzkowitz，1994）。直到我来到美国，我才知道了什么是种族主义。

1958年至1961年，我在北卡罗来纳大学教堂山分校的纪念医院接受精神病学的住院医师培训。作为一名精神科住院医师，我的薪水很低。为了能在这个新的国家赚到更多的钱，我在完成住院医师的训练之后，便同意在北卡罗来纳州的一家州立医院工作两年，而那里收容的患者都是精神病人。于是，我来到了戈尔兹伯勒的樱桃医院，成为那里的一名新员工。那是1961年，按照相关的规定，当时的樱桃医院只接收非裔美国病人。就在这一年，我在樱桃医院读到了一些"科学"论文，它们都在直接和间接地告诉我，黑人的大脑如何不如白人那样先进。在樱桃医院，所有医生的情况都和我很类似，全都是来到美国的新移民。我们每个人都会轮流给病人进行电击治疗。直到现在，我仍然能够回忆起来那样的场景，一百多名黑人病患两个两个地排着队，无奈地等待着，轮到他们的时候，他们便躺下来，被白人医生"电击"。我所看到的这一切，让我想起电影中的一些场景，就是纳粹集中营里的受害者排着长队的场面。我还在很多其他的场合注意到种族主义对患者和白人照顾者的态度所造成的影响。我尤其记得四名被送到樱桃医院的非洲裔美国高中生，他们被诊断

为"精神分裂症"。当我在樱桃医院工作的时候，法律有了规定，北卡罗来纳州白人和黑人之间的种族隔离就此结束。北卡罗来纳州废除了种族隔离，当这成为法律之后，这些黑人高中生是被派往白人学校的第一批黑人学生；他们只是心存困惑的孩子；他们并没有罹患精神分裂症（Volkan，1963，2009）。

1963年，我搬到了弗吉尼亚的夏洛茨维尔，这也是南方的一个州。我开始在弗吉尼亚大学医学院担任教员，在这里工作了39年，直到退休，成为荣誉退休教授。成为弗吉尼亚大学的教师之后不久，我开始接受个人分析和精神分析训练。詹妮弗成为我的受分析者时，我对美国的种族主义以及某些生活在南方的人和家庭对内战前南方文化的怀念，已经有了足够的了解和体验。

拥有两个母亲

詹妮弗是家中的大女儿，她的父亲是一名富有的妇科医生，在南卡罗来纳州（这也是南方的一个州）执业。据詹妮弗所言，她家的房子很大，带有一个很大的花园，她的父亲在诊所完成一天的工作之后，喜欢坐在门厅里喝波旁酒，而家里的黑仆则会在旁边伺候他。他有时候会喝得酩酊大醉，表现出火爆的脾气来，并且会对各种各样的事情感到懊恼。然后，他就会拿出枪，对着天空漫无目标地射击，造成极大的喧闹，吓坏家里所有的人，尤其是那些黑仆们。

对詹妮弗的父母而言，他们生活的重心似乎永远都围绕着无休无止的竞争，力争获得白人社会的认同。在詹妮弗成长的过程中，他们属于一个乡村俱乐部，这里面没有犹太人，也没有非裔美国人。这位妇科医生和他的妻子与自己的孩子们并不亲近，也从来没有对他们表现出那种带有柔情的兴趣，这一点与平常的父母养育孩子的方式大不相同。詹妮弗有一个妹妹，名叫梅丽莎（比詹妮弗小三岁半），母亲待她们就如同是对待两个特殊的布偶。两个孩子都长得异常漂亮，从她们幼年时起，母亲便与她们展开了公开的竞争。据詹妮弗所言，对儿童来说那些平常的母性功能，比如拥抱、喂养、换尿布或者游戏等，从来就没有包含在她母亲的自我认知里面。她对两个女儿的忍耐仅限于以下情形：她们将自己打扮得漂漂亮亮的，获得了她的认可。然而，女儿们漂亮的程度绝对不允许遮蔽她自己向别人展示的那些光彩。母亲和她的女儿们很少谈论别的话题，只是谈论谁在穿着和外表方面比其他人更优越。她们之间的关系包含着那么多的嫉妒和怨恨，以至于其中一个人对另外一个人哪怕有些微的恩惠，也会被第三个人当作一种伤害，并为此感到深深的愤恨。

　　詹妮弗出生之后，一个名叫萨拉的黑人女仆（她与詹妮弗的母亲同岁）被指定去照顾这个婴儿。萨拉住在地下室。在得到允许之后，她才可以走到地面上来，去照顾小詹妮弗，她称呼自己的白人雇主为"主人"和"女主人"。成年之后的詹妮弗还记得这样的场景：萨拉会唱歌给她听，她让小詹妮弗坐在自己的大腿上，轻轻地摇晃着她，跟她玩捉迷藏，等等。詹妮弗告诉我，萨拉会给她做饭，她至今都会时不时地在唇齿之间回味那些美味的饭菜。然而，当梅丽莎出生之后，她与萨拉之间的亲密便戛然而止了，因为萨拉主要的精力都开始投入到照顾这个妹妹中了。

对我来说，詹妮弗向我描述的童年家庭生活有一种似曾相识的感觉。当时，我已经在弗吉尼亚的夏洛茨维尔开展了很多年的精神分析。我发现，很多南方富裕白人儿童都是由两个母亲（即生物学意义上的母亲和黑人保姆）抚养长大的。对这种情况，我也已经见怪不怪了。我也很熟悉这些拥有两个母亲的儿童如何需要隐藏自己对黑人母亲的情感感受，尤其是当生物学意义上的白人母亲以及其他与她有关的人（比如，她的亲戚或者朋友们）在场的时候（Cambor, 1969；Smith, 1949；Volkan & Fowler, 2009）。在随后的生命历程中，这些儿童便需要对"相互对立的"母亲进行认同。受到这一过程的影响，他们可能在很长一段时间里面都难以将这两个母亲的意象以及他们自身分裂的自我意象整合起来。听着詹妮弗的描述，我产生了这样一种印象：詹妮弗内心几乎所有的温情回忆都与她和这个黑人女仆萨拉之间的亲密时刻有关。然而，与此同时，她却试图否认自己与萨拉之间的情感依附，因为萨拉的女仆身份让她在詹妮弗的家中显得地位低微，也因为萨拉"拒绝了"詹妮弗，而开始去照顾梅丽莎。

与詹妮弗的分析工作结束之后，我遇到了贝弗利·麦克莱弗[1]，她是当代著名的黑人艺术家，荣获过很多奖项。她帮助我了解到了詹妮弗这个故事的另一面：美国黑人小孩的成长故事。他们的妈妈

---

[1] 贝弗利·麦克莱弗（Beverly McIver, 1962—　），当代艺术家，以自画像闻名于世，目前为杜克大学艺术、艺术史和视觉研究实践教授。麦克莱弗是家中最小的女儿，母亲是一名女佣；姐姐患有精神病，妈妈大部分的注意力都给了这个患病的女儿。上高中的时候，麦克莱弗加入了学校的小丑俱乐部，她认为，做小丑让她发生了巨大的转变，"没有人在意我是黑人或穷人"，之后，她决定从事艺术工作。关于麦克莱弗的纪录片曾获得艾美奖提名；2011年，麦克莱弗被美国艺术杂志评为了"十大画家"。——译者注

持续不断地照料着白人的孩子。这些黑人孩子和白人孩子有着同一个"母亲"，但他们却从未有过社会交往。麦克莱弗的母亲是一个黑人女仆，多年来，她一直在看护白人父母家的孩子，而她自己的孩子却是由祖母照料的（McIver，2005）。

詹妮弗还告诉我，当她和妹妹梅丽莎与父母在一起的时候，他们从来不会给孩子们任何玩具，甚至连布偶都不给。我对此留下的印象是这样的：对她们的母亲来说，这两个孩子本身就是布偶或者玩具，因此她们也不需要自己的布偶。詹妮弗的白人母亲似乎干扰了自己的女儿与过渡性客体之间的相互作用。我在想，她们的游戏活动受到了扰动，是否正是由于这一点，使得詹妮弗在文化领域的体验方面表现出了能力的赤贫。詹妮弗回忆着萨拉如何从自己的生活中消失，而自己已经长到了十来岁的年纪。我感觉，那时候的詹妮弗已经假设自己的母亲为她指定了一个布偶的角色，而且否认了她在童年时期对萨拉的情感投入。等到詹妮弗长大成人，她对萨拉离开自己家之后的生活一无所知。

我想（我并未告诉詹妮弗），上述关于詹妮弗的童年生活，已经在一定程度上可以说明她为何会愿意嫁给像格莱沃这样一个有着偏执倾向的男性了。他也来自南卡罗来纳，他的父亲是一个商业大亨。格莱沃在家中的一间办公室里面管理着他自己的事务，他从来没有工作过，但他可以通过在股票市场的投资不断地增加财富。他对别人疑神疑鬼，有时候会有妄想。我想，他大量地累积财富其实是一种防御，以让自己感觉到安全。虽然詹妮弗的父母已经极为富裕了，但与她结婚的这个男人比她的父母更为富有。她也与其他一些年轻人

有过约会，但从未爱上过谁，也从未与谁发生过性关系。因为她认为自己是那种应当让人仰慕的角色，我想，尽管她非常漂亮，但是长时间的相处还是会让人们感到乏味。她知道，自己之所以选择这样的丈夫，很大一部分原因是他能够为她提供各种各样的奢侈品，同时也能让她接近富人和政要阶层。她对奢侈品的追求大部分都可以得到满足，但是，在她的初始会谈中，她却抱怨说他并不总是那么慷慨，相反，他有点儿吝啬。我注意到，詹妮弗相信只要仍旧跟格莱沃待在一起，她就依然有机会确立这样的身份，即做世界上最漂亮、最富有的布偶。因此，她坚决否认格莱沃的狂怒和他想要杀死自己的企图。

她告诉了我一些极不寻常的事情：当婚礼日益临近，詹妮弗突然警觉起来，新婚之夜的时候，格莱沃会不会发现她其实还是个处女呢？就在婚礼前几天，她去看了一位妇科医生，接受手术摘除了处女膜。她说，她不想让丈夫觉得自己在婚前是没人要或者没人爱的。如果有人觉得她是一个没人要或者没人爱的女人，这对她的自尊来说会是一个很大的打击。在初始访谈阶段，对于这个极不寻常的行为所具有的其他意义，我并没有进一步探询。我突然想到，她让一位妇科医生来刺穿自己的处女膜，这也许可以联系到她对那位做妇科医生的父亲所具有的幻想。然而，我愿意等待，看在分析的过程中，关于这件事我们还能发现什么。她还说自己是一个性冷淡的女人。

詹妮弗和我决定每周安排四次治疗。我告诉她，她可以躺在我的沙发上，不管脑海之中出现了什么，也不管身体出现什么样的体验，都可以描述给我听。我还补充说，我们会对她所说的内容保持好奇，当我觉得有话要说，而且这些话对我们的治疗有利时，我会开口说话，然后一起探索这些内容。就这样，詹妮弗开始躺在了我的沙发上。

沙发上的"瓷娃娃"

分析开始之后，在与我的每一次会谈之中，她都会打扮得异常精致。我在大学附属医院的办公室里面接待詹妮弗，那里很简陋。我注意到，这与她那参加歌剧开幕之夜的外表形成了鲜明的对比。如我之前所述，她长得非常漂亮。然而，我在她身上却感觉不到任何女人味。相反，我感觉自己正看着一个真人大小的漂亮瓷娃娃躺在我的沙发上。在我们的初始访谈里面，詹妮弗告诉我，她和梅丽莎是如何作为母亲的"儿童布偶"而存在的，而现在，她躺在我的沙发上，却仍然是一个"布偶"。除了对获得成功的那些女性表达嫉妒之情以外，詹妮弗说得极少，而这些嫉妒往往会牵扯到她那已婚的妹妹和依然住在南卡罗来纳的母亲。母亲或妹妹会打来电话，告诉詹妮弗她们最近又买了些什么东西，比如一件"不可思议的"晚礼服或者一件"不可思议的"古董桌子。她们的成功主要体现在收集漂亮东西上。

我了解到，她有一个每日都要完成的仪式。中午的时候，她开始精心打扮。下午五点左右，格莱沃会载她去夏洛茨维尔的一个乡村俱乐部。詹妮弗参加的这个俱乐部，与父母在南卡罗来纳州参加的乡村俱乐部很像，也不允许犹太人或非裔美国人成为其会员。我想，

他们也不会允许我这样一个土耳其裔的美国人成为其会员的。但是，我对这个俱乐部的内部情况却较为熟悉，因为弗吉尼亚精神医学会的好几次会议都是在那里召开的，我也有参加会议。格莱沃将詹妮弗放在乡村俱乐部前门口的转盘处，但是由于他有偏执的问题，他和别人待在一起的时候会觉得很不舒服。因此，他会直接驾车离开这里。詹妮弗则会走进这座庞大的建筑，一直走到大厅里面去，而那里正在举行午后鸡尾酒会。她穿着惊艳的服装站在壁炉边，一只手扶着壁炉架，像花朵吸引蜜蜂一样吸引着男人们。她收集着人们的仰慕和赞美。一个小时以后，她会走回到转盘那里去，而格莱沃会在那里等着她。他们开车回家，路上不怎么说话。到家之后，她卸下自己的妆容，而格莱沃常会在这个时候打她的屁股，有时候，打她的屁股会让他感到性兴奋，然后他们就会"做爱"，但她从未达到过性高潮。

我的内心正在发展出这样一种解析：詹妮弗和格莱沃的每日仪式，其实是他们对各自内在需求的一种反应。首先，詹妮弗在俱乐部的壁炉前面做一个瓷娃娃，是她在为自己的夸大性自体寻求仰慕。格莱沃可能有同性恋的倾向，他每天都和其他的男性"分享"（至少是象征性地分享）自己的妻子，然后，通过与她发生性行为来解决自己的性困惑。因为他自身的心理问题，他对男性和女性都感到愤怒。妻子的仪式行为给了他抽打她屁股的机会，使得他可以仪式化并且受控制地表达自己对她（同时，我也觉得他的愤怒指向女性本身）的愤怒。当他们在海滨度假的时候，这个仪式被打破了。在海滩上面，格莱沃与其他男性"分享"了妻子，他差点杀死了她。格莱沃不是我的病人，我并不知道他的内在世界，但我让自己的思绪流动着。

考虑到格莱沃对那些关注他妻子的男性产生的嫉妒，以及他想要杀人的狂怒，我想引导詹妮弗去思考，格莱沃每天下午带她去乡村俱乐部收集仰慕，他心里到底是怎么想的。我想知道，格莱沃在她完成每日仪式之后抽打她的屁股，这是否与他的嫉妒和愤怒有关，但当我发出询问的时候，詹妮弗却微笑着说，那些击打并不怎么疼，是无害的。就在不久之前，他把她的头部强行按入水中，这显然令她感到恐惧，但我们谈及与这些恐惧相关的事情时，她却从未表现出任何相关的情绪。看起来，她对自己的内部世界没有什么好奇心。

我意识到，詹妮弗前来与我会谈，某种程度上就像是她去出席乡村俱乐部的午后鸡尾酒会。我了解到，当她还是个孩子的时候，妈妈就会和其他一些贵妇在南卡罗来纳的一个乡村俱乐部集会，在丈夫们下班吃晚餐之前，她们会举办午后鸡尾酒会。詹妮弗和梅丽莎有时候也会参加这些集会，而她们的母亲就会向大家展示她的两个孩子，就像是展示两个漂亮的布偶一般。当我将她童年的记忆和她在夏洛茨维尔乡村俱乐部的表现以及她在我办公室的打扮联系起来时，詹妮弗却没有什么感觉。在这个阶段的分析之中，连结性诠释并不能激起她的好奇心。

她好像没有兴趣，也并不知道夏洛茨维尔这里的生活如何，她对艺术、政治都不感兴趣，她甚至对人都没有兴趣。她和格莱沃很少离开家，我想，他们的家一定很好，家具也很好，即便不如父母的房子那么豪华。我了解到，他大部分的时间都待在家里的书房里面，他想要赚更多的钱，而她则在客厅里面想着：如何才能比其他女人更

漂亮，自己应该买些什么或者穿些什么来维持优越感。

　　我问了自己一个问题："你为何会同意给詹妮弗做分析呢？"我想，也许我在通过这个行为取悦同事，也就是格莱沃的治疗师。两年前，他曾经问我这个年轻的治疗师该如何处理格莱沃的问题，很显然，当时他处理这个患者的问题时遇到了技术上的困难。我想知道，"我同意给詹妮弗进行分析，是不是为了向他显示自己在精神分析的技术方面比他做得更好一些呢？是不是我与自己的同事陷入了一种象征性的俄狄浦斯竞争之中呢"？我的"瓷娃娃受分析者"脸上带着美丽的微笑，等待着我去仰慕她，而我坐在她身后，就这样开始了大量的自我分析！我知道，詹妮弗的治疗非常具有挑战性，因而我会在自恋型人格组织的非典型案例方面受益颇多。很快，我做了一个决定：詹妮弗的分析只会介乎我与她之间，我不会去咨询格莱沃的分析师，即我的老师。我不愿意把她的治疗变成某种家庭治疗，好像两个治疗师只不过是在分别治疗着自己的患者，我也不愿意把这个治疗变成格莱沃治疗的一种延伸。我的决定使我能够只对詹妮弗一直保持兴趣，而不会毫无必要地聚焦于她和格莱沃之间的关系。当我回到治疗师位置时，我当时便发现了某些迷人之处。

玻璃罩里的雏菊：一个重复的梦

　　让我感到迷人的地方就是，詹妮弗会要求我重复那些我刚刚对她说过的话。在最初的会谈之中，我觉得，她躺在沙发上看不到我的嘴唇，可能很难理解我那带着土耳其口音的英语发音。因此，只要她做出这方面的要求，我便会重复我刚刚说过的句子。她从未问过我的口音或者民族背景。

分析开始一个月之后，我发现，对于我的英语表达，她理解起来其实并没有什么困难。例如，当我带着同样的口音再次重复我说过的话时，她在理解方面并没有遇到什么困难，但她并不会用任何有意义的方式作出什么回应，如参与到我的好奇之中来。我发展出这样一种幻想，那就是，躺在沙发上的詹妮弗罩在一个玻璃罩子下面。我感到自己的话好像是撞击到了这个玻璃罩，然后又被反弹回来，无法进入这个玻璃罩之中。只有当我重复的时候，詹妮弗才会降低自己的屏障，接收到我的话语，但那时，她会再一次让我的话变得"一文不值"。读者会发现，詹妮弗对我的反应和布朗对我的反应是一样的，不过，布朗是在他的"铁球"之中。

想到这些之后，无论詹妮弗如何说她没有听到我的话，或者忘记了我的评论，我都不再重复自己的话，而是在沙发背后保持着沉默。詹妮弗并没有表达不满。几个月之后，她自发地说自己罩在一个玻璃罩下面。她说，她感觉我的声音仅仅是滑过了这层玻璃笼罩的表面，并没有抵达她的内心。其实，在她清晰地描述这些之前，我已经感觉到了这一点，这是非常奇妙的。我那时便知道，治疗詹妮弗的时候，如果我自己出现治疗性的退行（Olinick，1980），那我就可以和她在她自己的退行状态之中相遇。她告诉我，她关于自己罩在玻璃罩中的幻想，其实在她接受分析之前便已经存在了。她意识到，她在其他的生活状态之中也存在着相同的幻想，比如，当她在乡村俱乐部里面展示着自己，希望获得其他人仰慕的时候，她也感到自己与那些仰慕者之间隔着一层玻璃。她的玻璃罩到底有多大的可渗透性，这完全在她的控制之中。我告诉詹妮弗，我之前也感觉到她生活在玻璃罩之中。我们之间的这次互动，发生在分析进行到第三个月的时候，它第一次清晰地显示出，我们正在发展出治疗关系，虽然过程有点儿古怪。我们两个人都观察到了她罩在玻璃罩里面的不寻常感觉，并且相互分享了这些信息。

　　很快，她带着自己的第一个梦来到了会谈之中。她说，这是一个重复的梦。"在我的梦里面，"詹妮弗这样说，"我看到一朵雏菊躺在玻璃罩的底部，好像它在躲闪着什么。"她对此有了一个联想（这可能是她第一次自由联想），"我意识到，我自己就是那朵花，那朵漂亮的雏菊"。随后，我想起来，我的脑海之中曾经出现过这样一个图像，就是当她站在乡村俱乐部的壁炉边时，她看起来就像是一朵正在招蜂引蝶的鲜花。我想象着，当她还是一个小女孩的时候，她一边撕扯着雏菊的花瓣，一边说着："她爱我，她不爱我！"[1] 我想知道，在她梦中那朵被隐藏起来的雏菊，是否与下面这个问题有关：萨拉去照顾梅丽莎之后，她不敢去探究妈妈或者萨拉究竟爱不爱自己。关于这个梦可能存在的多种含义，我想先放一放。因此，我只是极力赞叹这个幻想之中的玻璃屏障可能存在的保护作用——她觉得这个屏障在保护着自己。至于雏菊，我推断，她已经允许我去看到一些温柔和具有希望的东西。我说，她把这个重复梦带到治疗之中，也许是在告诉我们，她希望通过自己让分析工作有所收获：当她知道了自己的

---

[1] 这是美国的孩子们经常做的一个游戏。

玻璃罩之外存在着哪些危险，并且得以将这些危险全部化解时，她就可能看到这朵雏菊（也就是她自己）完全地绽放开来。

在接下来的会谈之中，她开始谈到，在这个保护她的玻璃罩之外，究竟有哪些危险的东西。她说到了丈夫暴躁的脾气。她并没有一直停留在对危险的描述之中，而是飞快地转换了话题，说起了自己和格莱沃之间的关系可以给她带来的某些荣耀。她与格莱沃在高中的时候便相识了，然后，他们分别上了不同的大学。他们都没能在学校里面待到毕业。在某次晚会上，他们再度相遇，詹妮弗马上便觉得，这个男人就是那个与她共度余生的人。她承认，他和其他的年轻人"不同"，而且有点"麻烦"。然而，在她的心里面，格莱沃是个无忧无虑的富人。她认为自己配得上他所能提供的财富。她也知道，她自己并不爱格莱沃。我想，她幻想通过与他结婚而获得像公主一样的生活，但是，我并没有把这些想法告诉她。如果我说出来，将会贬低她的自恋防御，而我知道，她还需要这些防御来保护自己，不再遭遇童年时期的那些拒绝和屈辱。

她说，是她要求格莱沃和自己结婚的。他说："好的。"然后，他们举办了一场"绝妙"的订婚宴。她穿了一件"不可思议的"礼服，所有的人都"仰慕着"它。他们开了"最好的"酒。一位已经退休的官员携着妻子出席了订婚典礼，他们告诉詹妮弗说，他们这"一辈子"都没有见过比她更"漂亮"的女人。在订婚之后的一年里，格莱沃始终都对性毫无兴趣，但是，他给了她"最漂亮"的珠宝。这次会谈结束了。当她躺在我的沙发上时，我尽力不去卷入她与格莱沃的日常关系。我试图听出她的故事之中有些什么主题，能够让我更加

了解她的内心世界。

接下来的一天，詹妮弗刚刚躺到沙发上就告诉我说，她注意到，我将书架上某些书的位置做了调整。她躺下来的这个位置刚好可以看到书架，而我也确实做了调整。前一天，一位精神科住院医师来到我的办公室，我们翻查了一些参考资料，他挪动了一些书的位置，显然，他将书放回去的顺序与原先是不同的。作为一名精神分析师，我知道，分析师的办公室（物理环境）发生了变化，常常会引发受分析者的反应，因为，这些改变会被象征性地纳入到受分析者的移情愿望或恐惧之中。我书架上那些书，它们的位置所发生的改变其实是非常小的。詹妮弗居然能够注意到这些变化，这令我感到非常惊讶。这时，书架上面发生的变化对詹妮弗来说到底有何意义，我已经不再感兴趣，也不再去考察，而且，她对我的这些好奇可能也不会有什么帮助。我想要聚焦于我们正在发展起来的关系。我告诉她，她的玻璃罩就像是罗马的门神雅努斯（Janus）[1]，它具有两面性，因为即使它对我的话充耳不闻，对我本人也一再拒绝，但对她而言，它却足够透明，使她能够"看到"我，注意到我的办公室里面发生的细微变化。我说，这是一个好的预兆，她在通过这种方式让我知道，她注意到了我。"对于我的在场，当你感到更舒适一些的时候，"我补充说，"关于外面世界的那些危险之物，也就是令你躲藏在玻璃罩里面的那些危险之物，你便可以跟我多说一些了。"作为对我这些话语的回

---

[1] 雅努斯（Janus），罗马人的门神和保护神，有着两张面孔。他被罗马人认为是起源神，掌管着开始和入口，也掌管着出口和结束。他象征着世界上矛盾的万事万物，又被称为"双头雅努斯"。拉丁语中的"一月"就是起源于雅努斯的名字。在罗马的传说之中，雅努斯的两张面孔，一张看着过去，一张看着未来。——译者注

应,詹妮弗回忆起父亲如何喝得酩酊大醉以及如何向着天空开枪射击。然后,她便陷入了沉默。我感到,她再一次变成了一个躲在玻璃罩里面微笑着的布偶。因此,我们俩都在沉默之中等待了一段时间。在这段时间,我显得非常小心翼翼,不去强制性地推动她那保护性的屏障,从而扰动她主要的适应性防御。不久之后,我说:"只要你觉得自己准备好了,就可以试着说出你脑海中的想法,不管那是一些什么样的想法。"詹妮弗便开始告诉我更多关于她童年环境的资料。我用多次治疗的时间收集到了如下所述的资料。

童年环境

在詹妮弗的父母长大成人之时,南卡罗来纳州的这个南方小镇已经发生了剧变。丑陋的工厂在祖传的农场上面高高矗立。大量新移民涌入这个业已工业化的城镇——新来的白人对旧时代南方的文化和传统一无所知,而新来的黑人则"粗俗不堪"。在詹妮弗父亲的成长过程中,种族隔离曾是广为接受的文化规范。父亲曾经告诉她,小时候,他常常跟黑仆的孩子们一起玩耍,但是,当他长大之后,他便不再与这些人保持社会交往。来自两个不同世界的孩子们聚集起来,在白人的农场上一起踢球,不过,黑人孩子只有获得了准许,才可以这样去做。踢完球以后,黑人孩子们便远远离去,回到自己被分隔开来的住所。直到二十世纪六十年代,这个地区才开始强制取消种族隔离制度。因此,即便是小时候的詹妮弗,也是在种族隔离的学校里面读书的。

　　我感到，周边环境发生的变化，让詹妮弗的祖父母和父母感到非常沮丧。他们加入其他的富裕白人群体之中，假装旧时代的南方还存在于周围，但是，现实却持续地让他们感到沮丧。詹妮弗的母亲想要将自己的女儿们培育成南方美人，以抵抗白人祖先们的"荣光尽失"。我怀疑，社会变化在这个过程中起到了很大的作用。关于南方美人式的人物，在某种程度上是有点神秘色彩的，这方面的著述甚多（Seidel，1985；Farnham，1994；Perry & Weaks，2002）。南方美人，指的是年轻而富有的白人新教徒女性，在社交圈，她们极力要为自己争取一席之地，她们在这个要人云集的社交圈之中穿金戴银，说话的时候带着南方口音，称呼自己朋友的时候，一定会使用"亲爱的"这样的语言。这种几乎有点儿神话般的人物形象，只会与南方的男性约会，她们称他们为"绅士们"，而且，她们会一直都保持着微笑。

　　慢慢地，我对萨拉这位黑人保姆也了解得越来越多。詹妮弗说，她有时候会走到自己家大房子的地下室里，也就是萨拉的住处。她有没有被禁止前往这个地方，对于这一点，她不是很确定，但是，关于她对萨拉真实的情感依恋，她觉得自己必须对父母"保密"，而父母的卧室就在詹妮弗房间的隔壁。萨拉是一个非常"深情而温暖的人"，她会轻轻地摇晃詹妮弗，给她唱歌，跟她玩耍。詹妮弗想起来，有一天，她发现萨拉的皮肤和她的皮肤不一样。她回忆说："我坐在萨拉的膝盖上，她抱着我。我突然注意到她的手是黑色的。我激动地告诉她：'萨拉！萨拉！你的手是黑色的！'我想，她当时是在笑的。她并没有生气。"我感到，当詹妮弗谈论萨拉的时候，有那么一小段的时间，她的玻璃罩被举了起来，我看到了一个体验着愉悦感受的孩子。谈论萨拉的时候，詹妮弗发生了退行，她开始闻到和尝到一些味道，那是萨拉给她做的饭菜散发出来的味道。她感到自己垂涎欲滴。然而，很快地，她又回到了玻璃罩之中，恢复了南方美人的角色。在她的家庭中，萨拉被认为是一个奴隶，因此，尽管她对詹妮弗那么地温柔相待，她的价值依然被贬低了。

爱与抛弃

就这样，我们结束了第一年的分析。我意识到，当詹妮弗无休无止地谈论自己的美貌和特别之处时，我已经感觉不到原先断断续续体验到的那种厌烦感了。我所感觉到的厌烦，在很大程度上与她对我的忽视，以及她让我感觉到的寂寞有关。她以某种奇怪的方式令我理解到，在萨拉不在的日子里，她的童年如何被寂寞所充斥。我内心非常清楚，她还没有对我发展出某种可以开展工作的移情状态。她时不时躲在玻璃罩下面，谈论着她对其他女性的嫉妒，以及她与母亲和妹妹之间的竞争。她与格莱沃生活在一起，却很少谈及他。而他那暴躁的脾气仿佛也已渐渐平息下来了。

慢慢地，我了解到，梅丽莎出生的时候，詹妮弗三岁多。自己和妹妹出生的时候，替母亲接生的人到底是不是父亲，詹妮弗并不知道。她开始向我描述妹妹出生之后自己的生活发生的变化。在很长一段时间里，当她躺在我的沙发上时，她体验到一种巨大的孤独。我帮助她忍受着这份孤独，并且对它保持好奇心。她记得自己的父母如何"强迫"萨拉去照顾小梅丽莎。我大声地描述道，梅丽莎的出生给她的心灵造成了伤害。我告诉她，在她的心里面，萨拉是爱过她的，然而，萨拉不得不去照顾另外一个新生儿，这是她的任务，这时候，萨拉抛弃了她。詹妮弗认识到，当萨拉"抛弃"了她之后，她别无选择，只能待在布偶的角色里面，只有这样，她的母亲才会注意到她。认识到这一点之后，她产生了片刻的愤怒。然而，詹妮弗依然无法在我的办公室里面表达这些情感。我了解到，在她与自己挚爱的"黑母亲"之间那份秘密的连结破裂之后，她又遭受到屈辱。

很快，她回忆起了自己对梅丽莎出生这件事情的反应，以及她在与妹妹的关系中感受到的狂怒和嫉妒。然而，这段"回忆"并非在我的办公室里面浮现，而是在乡村俱乐部里面发生的。事情发生之后的第二天，当她把这件事情告诉我的时候，她其实并不知道它的意义与梅丽莎的出生有什么关联。我解释说，这件事情，是她在用自己的方式回忆梅丽莎的出生。

像往常一样，下午五点的时候，格莱沃送她去了乡村俱乐部。她站在老地方收集着别人的仰慕。她穿着一件刚刚买来的衣服，那是一件粉红色的"梦幻"晚礼服。突然，她看到一位年轻漂亮的女士走进了房间，刚好经过了壁炉的旁边。让詹妮弗感到震惊的是，这位新来者身上的衣服跟她的一模一样。显然，他们俩刚刚从同一家商店（同一对父母）那里买来了同样的衣服。她开始被狂怒和嫉妒所淹没，接着又感到浑身战栗。她想着："这个新来的竟敢闯入我的地盘？"（我解释说，这个新来者是她妹妹的替代者。）"她有我美吗？他们对她的仰慕之情会超过我吗？"她感到厌恶，并且想要像"火山"（volcano）一样爆发（"Volkan"[1]：她将狂怒投射给我）。随后，她找到了解决的办法。她开始注意这个新来者的腿部，尤其是脚踝那个部位。她确信，这个女人的腿和脚踝都比她要肥胖一些。詹妮弗意识到她自己仍然是"第一名"！她的嫉妒和狂怒随后便自动消失了。

我要求詹妮弗在这里停一停，看看发生的这件事情。我解释说，她已经允许自己注意到对同胞竞争、失去萨拉以及被抛弃和羞辱等方面的感受，之后，我告诉她，我作为一座"火山"（确实，我名字的意思就是火山），可能会为她爆发出愤怒。她可以结束这个任务，并允许自己拥有自己的感受吗？我还告诉她，对她来说，最大的危险既不是父亲拿着枪向天空射击，也不是格莱沃想要杀掉她。这些都是外在的、具体的危险，面对这些危险，她都可以找到保护自己的办法。她还面临着内部的危险，也就是说，她意识到，梅丽莎出生之后，她便遭到了抛弃和羞辱，她不得不成为母亲的布偶，这样才有些许的希望获得一些母爱。这就是为什么她会一直跟格莱沃待在一起，因为格莱沃能够持续不断地为她提供"好东西"，这就是为什么她能够忍受格莱沃身上那些可能的、具体的、外在的危险，因为这样才能掩盖自己被抛弃的、孤独的、破坏性的感受。她认真地听完了我说的话（这个时候，我并不想要显得自己过于理智化，也不想要詹妮弗感到难以承受，所以并没有试着解释格莱沃同时也是那个"危险的父亲"，他的爱其实也是詹妮弗所渴望着的）。我告诉她，她发现自己比

---

[1] 本书作者的名字"Volkan"有"火山"之意。这一点，作者在第一个案例，也就是盖博的案例之中也有提及。——译者注

竞争者更为优越（新来的腿和脚踝没有詹妮弗的那么漂亮），通过这种方式，她使自己不必去理解自身的狂怒和嫉妒，不必去知晓自己可能不被爱的可能性；同时，这也让她逃离了父母不爱她和抛弃她而产生的感受。

不久之后，我感到，躺在沙发上的詹妮弗越来越像一个具有高功能人格组织的患者了。她开始追忆童年，并将它们与此时此地的事件加以联系，她开始做梦，并且有了移情的表现。比如，她记起自己曾经看着梅丽莎的婴儿床，看着她那胖胖的婴儿腿和脚踝。她将这些记忆与她对那个女人（那个跟她穿着一样的衣服，闯入"她的地盘"，腿和脚踝也比她肥胖的女人）的知觉联系了起来。后来，她做了一个梦，梦到自己又一次看到了玻璃罩里面的雏菊。但是，这个梦有了一些变化。玻璃上面出现了裂缝。她说，看着这个裂缝的时候，她感到很害怕：那些与童年时期遭受拒绝有关的愤怒情感，她可能快要控制不住了，它们可能会出来。

很快，我觉得，她"试着"直接对我感到愤怒和嫉妒了。当她开始这样去做的时候，我并没有进行干预——我任其发展。事情是这样的：有一天，詹妮弗前来接受分析的时候看到有一位女士正要离开我的办公室。她发展出了一些幻想，这些幻想都与其他女病人（她妹妹）有关。她想知道，我究竟是喜欢她们多一些，还是喜欢她多一些。我没有回答。她幻想着这些女人，幻想着我可能会更喜欢其他人，她的狂怒和嫉妒开始慢慢地攀上了顶峰。有一天，她对我说："如果你爱她们比爱我还要多的话，我就杀了你！"当她意识了自己对我说的这些话之后，便开始神经质地大笑起来。如果我觉得她目前已经发展出移情神经症，可以进一步地开展工作，那我肯定大错特错了。在理智层面，我非常清楚，如果不能把她的自我概念整合起来（把她那"被爱"的自体和"被拒绝"的自体整合起来），她就不可能真正地表现为一个具有神经症性人格组织的患者。当事态变得焦灼时，她会非常快地用回自己的老一套"办法"——让自己的夸大自体更加地膨胀起来，以避免体验到那些拒绝、羞耻、愤怒、嫉妒和其他一些不愉悦的感受和想法。

两面性

有好几个月的时间，她都在玻璃罩之下的方寸之地和玻璃罩之外的世界之间穿梭，探索着童年和成年之后的生活与她和我的关系之间存在的关联。如果忆起童年的生活让她感到不适，她便会让我亲眼看她的暴露行为（exhibitionistic behavior）：她会以南方美人的形象走进我的办公室，夸张地表现着她的南方口音，更换着一件又一件令人眼花缭乱的裙子，让我觉得自己正在日复一日地观看着一场场时尚演出。当她妹妹给她发来自夸的照片时，詹妮弗在夸大性自体方面的自恋投入便会急速上升。如果我取消了某次治疗，她便会觉得我在拒绝她，好去跟另外一个女性约会。在接下来的治疗中，她便会开始要求格莱沃给她购买新的珠宝。我坚决而又平静地将她每一次逃往"第一布偶"位置的行为，与她日常生活的事件或者在治疗之中她感觉自己受到羞辱的情形相互联系起来。寻找梦的"日间残留"，是为了更好地理解梦，我所做的事情与此相当类似。我还觉得，在那段时期，我在詹妮弗的分析之中所采取的这些做法，也许会帮助她提升自己的心智化水平。慢慢地，她接受了自己的两面性。她喜欢自己作为"第一名"的那一面，并且想要一直保持着它。"但是，做第一名是令人厌倦的，"后来她告诉我，"我必须要非常地小心，小心不要让别人从我这里把它给偷走。我都快要变得偏执了。"她还补充说，她现在知道自己还有另外一面，就是被拒绝、孤独和被羞辱的一面，"拥有第二面也是令人厌倦的。它必须一直都被隐藏起来。你知道我向你展示这第二面有多么困难吗？"我说："我知道。"然而，我还说，对我们双方而言，我想象不到有什么地方能够比这个办公室更加安全，能够让我们一起去探索她的这两面。我回想起了自己在过去的会谈之中感受到的无聊感，我就把自己对她的感受告诉了她，因为我知道，她内心的生活，其实就是这两面之间发生的一场无休无止的战争。我问她，她是否曾经想过，有一天，她终于对自己内心的这种战争感到厌倦了，便让双方获得了和平。

产妇的尖叫

我们进行上述交流的时候，已经是詹妮弗接受分析的第二年了。关于她自己为什么要保持一个漂亮布偶的外部形象，而把自己那个受辱和遭拒绝的小女孩形象隐藏在阴影之中，以及她为什么无法走上发展的阶梯，从而成为一个"完全的"、拥有着成熟性欲的女人，她向我揭示了另外一个原因。关于父亲的妇产科门诊，她告诉了我很多的细节。我了解到，这个诊所是她父母名下巨额财产的一部分，它与她们居住的大房子之间仅隔一个花园。作为一个小女孩，詹妮弗对这个诊所里面发生的事情感到相当好奇。她会穿越花园，想要透过窗户看看产房里面的情况。可是，她还不够高，看不到里面的情形，但是，那些产妇的"尖叫"却印刻在了她的记忆里面。她幻想着，她的父亲正在对这些女人干坏事，他在伤害她们，进入她们的身体，从中取出一些东西。在她的心里，成为一个女人的想法开始变得极为危险。她害怕父亲会伤害她。我想，詹妮弗与母亲之间有一种黏滞的关系，而她又无法靠近俄狄浦斯期的父亲，因而，她也无法将她自己从这种关系之中拯救出来。

在过去，詹妮弗觉得她不愿意怀孕，是因为不愿意毁掉自己美丽的身体，这其实是意识层面的愿望。根据她对父亲诊所里面发生之事的幻想，她害怕怀孕以及她做出性压抑和性冷淡的选择，其实有着深层的含义。现在，我可以把这些含义告诉她了。我告诉她，格莱沃自身的性压抑，刚好"契合了"她自身的潜意识企图，那就是不要长大，不要成为一个有性欲的女人，因为她一旦怀孕，就会受到伤害。我还告诉詹妮弗，她在自己的生活之中加入玻璃罩幻想，也可能与自己童年时期的这个幻想有关。如果她没有一个保护性的屏障，男性（分析师/父亲）就会进入她，伤害她。她非常认真地听着我讲话。

我对詹妮弗说："现在，我终于理解到，在新婚之夜来临之前，在一个男人真的进入你的阴道之前，你为何会去找一个妇科医生来摘除自己的处女膜。当你还是一个孩子的时候，你将性交与想象之中的父亲形象潜意识地联系了起来，你觉得他会以伤害性的方式强行进入女性的身体，取出她们的孩子。为了'控制'自己对性交的

恐惧，你让妇科医生在你的控制之下进入阴道，摘除了处女膜。"

不久之后，詹妮弗的分析进入了第二年的中间阶段，她再一次向我报告了"玻璃罩下的雏菊"的梦，我开始变得警觉起来。在她的梦中，那个玻璃罩从桌上掉到了地板上，玻璃碎掉了，花儿暴露了出来，这个梦让她（和我）都感到很兴奋。这一次，我终于确定了，她总算可以发展出可工作的移情神经症了，当然，其中也会包括俄狄浦斯议题。可是，我又错了！我很快就意识到，我太急于想要与詹妮弗开展更多常规性的分析工作了。在那段时间，分析师应当着重帮助患者将他们躺在沙发上时内心发生的一切言语化，同时也应当注重用言语来表达分析师自己的诠释。我们知道，患者会通过非言语的方式将他们的内心世界展示给我们。我们对这种沟通方式的理解，与我们对言语化沟通的关注，这两者是同等重要的，这一点如今已经成为共识。我们也知道，有时候，不诠释比诠释更为重要。所谓"常规的"分析工作，是指受分析者能够主要以言语的方式来表现移情神经症，而分析师则可以对移情神经症做出诠释。然后，分析进行的过程之中便不会过多关注非言语的交流，包括受分析者躺在沙发上的时候提到自己在分析师的办公室之外所做出的行为。

成真的潜意识幻想

关于前俄狄浦斯的问题，詹妮弗还有很多工作要做，比如，萨拉的拒绝以及她仍旧存在对爱的饥饿。而关于潜意识幻想成真（Volkan，2004，2010，2015a；Volkan & Ast，2001），她还可以教给我很多的知识。当实际发生的创伤突发而严重，或者，虽然这些创伤是逐渐累积起来的，并不属于突发而强烈的类型，但这些创伤扰动了"这些本来只属于或者大部分属于心理领域的幻想，使得它们超出了通常的限制"，潜意识幻想成真的情况就发生了（Volkan & Ast，2001，p569）。也就是说，幻想成真了。比如，按照常规的发展过程而言，女孩潜意识的俄狄浦斯幻想依然停留在心理领域。在常规的发展中，她能够压抑这些内容，升华它带来的影响。然而，如果这个小女孩还处于俄狄浦斯幻想的过程之中，而她又遭遇了非常严重的创伤，比如说，被自己的父亲或者父亲的代替者（比如叔叔）性侵，她潜意识的俄狄浦斯幻想就成真了。正是由于潜意识的幻想和现实产生了强烈的连接，这个小女孩的潜意识幻想在心理和体验领域就都存在了。这个成真的潜意识幻想继承了她童年时期的严重创伤。在她成人之后的性关系之中，成真的潜意识幻想会被她体验为是"真实的"或者至少是"部分真实的"，而且，她会感到它正存在于此时此刻。比如说，一个男人向她求爱，她可能会将这个男人体验为那位最初给她带来创伤和伤害的父亲或者叔叔，即便他在现实之中的求爱行为处于社会可接受的范围之内。这个男人的行为举止并不像那个最初侵犯她的人，但是，在患者的内心，他就是那个侵犯她的人。

当个体接受精神分析的时候，之前那些处于潜意识范畴的幻想便会被赋予故事情节，并得到解释。如果受分析者存在成真的幻想，他们便能听懂这些情节和解释，但他们却无法利用它获得健康。而且，随着治疗的逐步进展，这些受分析者反而会在行动上重复这个幻想。而他们的这些行动，恰好反映出了潜意识幻想的情节。对受分析者而言，他们的幻想是如此真实，因此，他或她若想修正这个幻想所带来的影响，唯一的方式就是获得另外一种（与行动相关的）真实体验。在这种体验之中，潜意识幻想的情节有着不同的结局。如此这般，我们便可以将受分析者从原初致病性的幻想所带来的终身影响（这些影响从他们的儿童期便开始存在）之中释放出来。这并不是所谓的"付诸行动"。付诸行动有很多种含义（Boesky，1982），但出于我的写作意图，它在此仅仅被认为是一种针对常规分析工作的阻抗。而在常规的分析工作之中，心理冲突会通过语言得到诠释，移情神经症的修通工作也会以语言的方式得到表达。

　　在萨拉爱过她而又抛弃她之后，詹妮弗饥饿的部分（对力比多营养的饥饿）开始成真了。詹妮弗毕生都在收集外界对自己美貌的认可，用以填补自己内部的空虚。而且，她企图控制自己身处的环境，强迫环境注意到她，"喂养"她，而这造成的代价便是，她的现实检验开始变得模糊起来了。然而，她的周围仍然危机四伏。在她的内心深处，她知道自己有着"饥饿、受辱和受到伤害"的那一部分。现在，詹妮弗不再通过谈论这些内容来发展出常规的移情神经症，以寻获一个更好的心理解决方案，而是启动了她自己所谓的一个"计划"：她在现实世界之中采取了行动，而这些行动所构成的故事与那个受到创伤、拒绝和侮辱的小女孩所遭遇的命运，有着完全不同的结果。之后，她的这个计划还会去处理她另外一个成真的潜意识幻想，也就是：男人（父亲）会猛烈地进入一个女人，并从中取出一些特别的东西。

詹妮弗的"计划"：让一匹瘦骨嶙峋的马强壮起来

对詹妮弗开展分析的那段时间，我对受分析者的治疗性戏剧（他们想要在真实的生活之中开展一段故事，以改变成真的潜意识幻想对他们造成的影响）还没有太多的体验。我记得，当她刚刚开始实施这个计划的时候，我觉得她是在付诸行动。她逐渐迫使我成为这个计划的观众，也迫使我注意到，她必须穿越这个部分，她的情况才能得以好转。她在每次会谈之中都会报告这个计划的最新进展，这样的情况一直持续了九个月，而最终的结果也是很好的。在那之后，詹妮弗已经准备好进入完全的移情神经症。

这个计划的核心是一匹马。这匹马瘦骨嶙峋，用詹妮弗的话来讲，它是严重"营养不良的"（饥饿的）。詹妮弗的朋友们都很富有，他们会在弗吉尼亚的乡下活跃地参与一些与赛马和马展相关的活动，詹妮弗有时候也会加入其中。詹妮弗当时还不是一个骑手，但她会参加这些与马有关的社交活动，其目的也是收集爱慕。在外活动期间，她注意到马厩里面有一匹"营养不良的"马。她还注意到了一位黑人女性，她叫范妮，是被派来照顾这匹马的工作人员。詹妮弗并没有在会谈中跟我谈到这些内容。她和范妮发展出了关系，几乎每天都会去拜访范妮，帮助她照顾这匹"饥饿"的马。

刚开始，我是以间接的方式注意到这些事情的。我看到詹妮弗那些华丽的衣裙都不见了，她开始穿着皱巴巴的牛仔服前来会谈。有一天，她来会谈的时候穿着骑手的服装。那一天，她告诉我，她是从马厩而来，那里有一匹"营养不良的"马，它瘦得简直皮包骨，而她把这匹马给买了下来。从法律上来讲，这匹马现在是属于詹妮弗的，她可以让它待在之前的马厩里面。她跟我谈到了范妮，她现在雇用范妮来照顾这匹马，她也谈到了她们之间发展出来的紧密关系。我很快理解到，这匹马代表着詹妮弗自己的饥饿自体，而范妮则代表着萨拉。我感到，詹妮弗采取了回退的行动，连接到了"好的"（而不是拒绝性的）萨拉，以图获得另外一个机会来寻获爱。我心里想到了这些东西，但我没有告诉詹妮弗，因为我想等一等，看看故事会怎么发展。很快，詹妮弗便不再谈论别的内容，只顾着说她和范妮如何照顾这匹马，而这匹马的状况也开始改善了。

大约一个月以后，我把自己的想法告诉了詹妮弗，即这匹马和范妮分别象征着（对爱）饥饿的孩子/詹妮弗和养育她的黑人保姆。她没有对我的解释表现出好奇的反应。相反，我成为某个旁观者，只是观看着她在马厩里面所做的那些外部活动。有时候，她穿着牛仔服和衬衫前来会谈，衣服上还沾着动物的粪便。

我觉得，詹妮弗将童年时期黑人母亲和白人母亲之间的分割也一并带入了生活（技术上称之为分裂）。她和萨拉/马厩之中的范妮有着深厚的关系，同时远离着我/白人母亲。但是，因为她每周花四次的时间向我（白人母亲）报告她和黑人母亲的生活，所以，她也在试图让这两位母亲以及相对应的小詹妮弗（"饥饿的"和"布偶的"詹妮弗）彼此了解。我想，她在用自己的方式整合着自己的两个侧面，也整合着童年时期开始便在她内心发生分裂的重要他人。我想，她在"练习着"整合这两个对立面，如果我不去干涉她，可能会为她提供一个必要的关键时刻体验，而两个对立面就在其中开始聚首，得以缝合。连续好几个月的时间，她日复一日地跟我讲她在马厩里面的活动，而我承受着这些。之前那匹营养不良的马也开始出现在詹妮弗的梦中，她梦到自己在忙着喂马。

　　与此同时，她在自己的社交圈里面收集爱慕的行为也在持续着。我不时听到她说自己早上的时候穿得如何像一名女骑手，而下午的时候又打扮得如何像一个南方美人。在她的日常活动中，她通过养一匹马来成为被爱的客体，而不再像她过去所做的那样，只想牢牢地抓住她那"华美"的部分不放手。这些急速的改变，就像是将两件衣服进行缝合，其中一件的面料带着温暖的色彩，另一件的面料则闪耀着光芒。詹妮弗收集仰慕者的需要开始减退，她的心境也随之发生了改变，用她自己的话来说，就是开始变得"庄重"起来。

　　这个阶段的分析持续了九个月。我思考着，假设着：詹妮弗回退（治疗性退行）的目的，是要作为一个整合的人而获得重生（九个月），而她也会拥有一个整合的母亲。我注意到，她的玻璃罩已经不再发挥作用了。我还注意到，她已经对我发展出了一种精神分析师所谓的正性移情。她带着愉悦之情，向我分享着她更为整合的崭新身份，以及她为了创造这个新身份所采取的行动。当她的马得以痊愈时，我也与她一起感到激动。这匹马痊愈之后，詹妮弗的行为举止便开始变得像一个假小子一般。她穿得就像是一个在农场上劳作的男人，她与小伙子们一起喝啤酒，其中有白人，也有非裔美国人；她听他们讲笑话；她花很多的时间向其他人展示自己的马匹，还带它去参加马展。

成为一个女人

　　有趣的是，詹妮弗学会了骑马。她描述说，两腿之间夹着一匹马的感觉令人兴奋。我想象着，她在告诉我，她的双腿之间有一条阴茎。她原先想要成为最好的布偶，而她现在的愿望则聚焦于想要在两腿之间拥有一匹强壮的马。有一天，她做了一个梦，她梦到自己骑马跨越障碍，结果她的马摔倒了，脖颈之间流出了鲜血。当她对这个梦进行联想时，她说，这匹流血的马让她感到勃然大怒。很快，她带着极度的困惑来到了会谈之中。尽管她在意识层面希望自己的马受到保护，不要受到伤害，但是她再次梦到马的脖颈流出了鲜血。我对她说："生活之中，谁会定期流血？"她惊呆了。沉默了一会儿之后，她说："女人！"

　　一周之后，她说自己做了一个特别的梦，让她很是困扰。她并没有梦到自己的马，而是梦到了自己用口袋搬动着一些小动物，诸如老鼠、兔子或松鼠，等等。在梦中，她很关心它们的幸福。我想："装满毛茸茸小动物的大口袋，一定就是孕育着宝宝的子宫。"我并没有解释这个梦的可能含义，而是决定对她一年以来所完成的部分进行一些总结。我想，这时候的詹妮弗，应该能够清楚地听懂我的话了，这个总结可能有助于她同化自己内心发生的那些结构性变化。我告诉詹妮弗，那匹营养不良的马，象征着她那被爱过又遭到抛弃的自体，她发现萨拉（范妮）照顾着她那饥饿的自体，让它变得健康，然后，她又将这一部分与她那防御性/适应性的美丽布偶自体整合了起来。我补充说，这匹马的功能得以改善之后，好几个月以来，她利用着这个动物扮演着假小子的角色，而这个假小子的两腿之间有一条强大的阴茎。我说，当她还是一个孩子的时候，她在父亲的诊室里面听到了女人们的尖叫，她便开始抑制自己对女性的身份认同，也不让自己感到自己是一个女人。她是否觉得自己的父亲将这些女性的阴茎给拿走了呢？如果她是一个有着阴茎的假小子，她就永远不用去面对怀孕的痛苦，不用去面对失去自己阴茎的痛苦。然而，最终，她注意到自己是一个"流血的"人，也就是说，她是一个女人。我还说，她梦中的那些小动物象征着小宝宝。如果她知道，其实她是在想象自己也会有孩子，她会不会感到惊讶呢？

她认真地听着我说的话。我的总结也让她感到了害怕。首先，她开始思考怀孕的问题；其次，她对自己外表的自恋性关注又回来了。对于接受或者不接受自己成为一个女人，她挣扎着，而我并没有干涉她内在的挣扎。她开始做更多的梦，这些梦全都与自己两腿之间的那匹马有关，在这些梦中，马身上的同一个位置会突然地流出鲜血。

玻璃罩幻想的多重含义

带着内心的挣扎，詹妮弗登上了发展的阶梯，她开始允许自己成为女人了，也不再保持着女性布偶的形象，这使我们得以看到她的玻璃罩幻想还具有另外一层更为隐蔽的含义。它是一层保护性的屏障，她可以在屏障里面卸下自己夸大的部分，而通过这层屏障，她又可以观察她那私密而孤独的王国外面的情况，她不断地监测着，

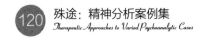

谁或者什么是具有威胁性的，谁或者什么又是支持她成为第一名的。然后，我了解到，这层玻璃屏障的象征意义还关联着她的身体意象。它就像一层处女膜，应当处于她的控制之下。否则，危险的男人（作为妇科医生的父亲，他拿着枪或者医疗工具）就会进入她的身体，伤害她。现在，我还了解到，这个玻璃罩还象征着母亲的子宫，也处于詹妮弗的控制之下。

实际上，詹妮弗的玻璃罩幻想所具有的第三层含义，是由梅丽莎启发得来的。她从南卡罗来纳打来电话，告诉詹妮弗，她乘坐一对富有夫妻的游艇进行了一次短暂的航行，她非常享受。沙发上的詹妮弗表达了自己的嫉妒，她还幻想我也很有钱，我会给她提供机会，让她去豪华的场所旅行。那天晚上，她梦到自己舒适地坐在一个粉红色的房间里面，看着她的妹妹梅丽莎待在外面，梅丽莎也想要进来，和她待在一起。梅丽莎在玻璃上爬行着，就像是一只猫，但是她不断地滑下去，根本没能走进来。我告诉詹妮弗，她可能在幻想自己待在母亲的肚子（粉红色的房间）里面，她禁止她的妹妹（梅丽莎）进来。我告诉她，在她的梦中，她拥有了母亲的肚子，她希望没有任何其他人再来占有它。讨论这些的时候，她意识到了其他的一些想法，这些想法涉及成为女人，以及仍旧做一个布偶的有关内容。她记起来，她之前一直认为父亲的诊所是一间拷问室。她也就因此想着，如果一个孩子（她自己）一直待在母亲的肚子里面，不用出生，孩子永远不会出来，那就不用去面对拷问室的生活。我们已经能够去探索玻璃罩幻想所具有的多重含义，并把它们结合在一起了。

怀孕恐惧的移除和情欲性移情

很快，詹妮弗的外部世界出现了一个新的角色，而她也再一次能够得以修通和摆脱成真的潜意识幻想（我们之前讨论过）所带来的影响：如果女人怀孕了，男人（她的父亲）就会拽出她的阴茎，伤害她。在幼小的詹妮弗心里，孩子的出生和阉割焦虑混合在了一起。

她生活之中的这个新人物，是一个年纪很大的白人男性，他是那个马厩的主人。詹妮弗说，这位老人家非常好。一年以来，她风雨无阻地前来这个马厩，她问他，她是否可以观察小马驹的出生。马厩的主人承诺，当小马驹快要出生的时候，他就打电话给她，无论何时，不论昼夜。马厩主人遵守了自己的诺言。母马快要生产的时候，他给詹妮弗打了电话，她便飞似地奔去，尽管当时是凌晨两点。她看到了小马驹出生的全过程。在接下来那一天的会谈之中，她一直都在激动地描述着发生的一切。她观察到胎囊被挤了出来，看到了里面长长的、弯叠在一起的马腿，她一度以为，这匹母马可能在生产一条阴茎。随后，她跟这位新母亲和它的宝宝在一起待了很长的时间，仿佛她正在学习母性，研究着婴儿时期究竟意味着什么。而且，她体验到了同情、关怀和悲伤的感受，以及她与母马和马驹待在一起时内心产生的其他一些情绪。她将自己这些新的情绪和想法带至会谈中。她正在慢慢发现这些新情绪的存在，我们两个人都很愉快。我感到，她正越来越多地整合着自己作为一个女性的自我表征。

第三年的分析快要结束的时候，有一天，她躺在我的沙发上，没有说话。我注意到，她的脸很红，我感到她想要说一些什么，但是说不出口。我说："说吧！"她做出了回答，但是她的脸更红了："我今天早上来例假了！"其实，她在月经方面并没有什么问题，也没有不规律。那个时候，在我的办公室里面，她就好像在体验着月经初潮。成年之前，在她自己的家里面，这些亲密的话题是不能被提及的。她对我的吐露是一个信号，这意味着，经典的移情神经症已经成熟了。她描述着，我就像一位父亲，现在，这位父亲得知自己的女儿正从少女时期走向女人时期。

很快，她对马厩那边活动的兴趣减退了，一年之前还亲密无间的那匹马，也被她卖掉了。她与范妮和马厩主人之间还维持着友好的关系，但她已经不再专注于他们了。现在，詹妮弗感到我是一个充满着爱的、被渴望的俄狄浦斯父亲，而且，她的这种体验越来越成熟了。之前，她以外化的方式，透过"外部的"行动和故事尝试解决自己的问题，但现在，她不再做这样的尝试了。她要求我爱她，尽管这样会形成三角关系（因为她幻想我是有妻室的人，不过，我从未告诉过她我是否已婚）。詹妮弗幻想我拥有一位女士，如今，她所有的感受都围绕着与这个女人展开的竞争。她不再专注于美貌和财富，而是专注于成为我生活上的伴侣，而这会给她带来快乐。

她说，怀孕的念头并没有吓坏她，她想要给我生孩子。她的情欲性移情多少有些极端。我想，詹妮弗正在教给我一些东西。她原先具有自恋型的人格组织，专注于成为第一名，后来，治疗发生了进展，她开始卷入俄狄浦斯之爱。她曾经致力于收集理想化和赞美的养分，如今已经发生了转化，她开始渴望俄狄浦斯之爱的客体。这使得她的情欲性移情非常强烈，至少在最开始的时候。詹妮弗宣称，她已经准备离开丈夫，然后和我结婚。为了让我感到嫉妒，她还有了私情。我告诉她，这个男人（像我一样，是个教授，还在我所在的大学工作）代表着我。我并没有因为这段私情而责备她。她说，她和这个男人在一起可以达到性高潮，也很享受性。一周之后，她自己主动结束了这段私情，她说："这并不是让你爱上我的方式。我知道那是不会发生的。但是，谢谢你让我知道，我是一个性感的女人。"

詹妮弗知道我有着土耳其血统。她说，我们没法成为爱人，但她可以尽情想象她已经和我结了婚，乘坐着魔毯飞往伊斯坦布尔，在那里，我们可以幸福地生活在一起。这个阶段的分析弥漫着阿拉伯之夜的色彩，她想象着王子和公主会永远幸福地生活在一起，尽管这段互动明显带有俄狄浦斯的议题，也就是说，女孩找到了父亲那样的人或爱人，带着他去一个遥远的地方，将他与其他女人分隔开来。在患者的幻想之中，那些阿拉伯之夜的色彩，并不仅仅服务于移情神经症之中的俄狄浦斯因素，还唤醒了她对世界及文化的兴趣。她对伊斯坦布尔产生了兴趣，她便开始研究地理、文化和历史。回头想想她的社交和教育背景，她在这些方面的空白真是令人感到惊讶。这种苏醒也使她开始对艺术产生了兴趣，她开始参观艺术馆，对人的艺术创造发展出了高品位的欣赏力。

我想起来，在詹妮弗的儿童时代，她本应着迷于童话故事以及其他的文化表达形式所带来的狂喜，但母亲扰动了她的注意力，让她转向了一个让她更加难以抗拒的客体，也就是母亲本人。这一点，以及詹妮弗如同布偶一般的角色（一个南方美人），都被用于支持她的母亲，也就是说，她的母亲因为拥有一个如此美貌的生命作为她的孩子，从而拥有了荣耀。黑人女仆曾经给詹妮弗唱过歌，也许还讲过她自己文化传统里的民间故事，但是，詹妮弗那极为短暂的童年稍纵即逝，她便不再受到这位黑人女士的实际照顾，而开始成为母亲的布偶，因此，她必须停止对美国黑人文化的这种投入。她的母亲阻碍了自己的孩子在文化方面的成长。她在我们之间创造出的童话故事移情，其功能正相当于一种过渡性现象，通过这一切，詹妮弗开始获取关于世界的知识。

詹妮弗拥有了新的知识，对生命也有了全面而崭新的理解，在精神分析的帮助下，她获得了新的功能，也开始能够胜任经济投资的相关事宜。当丈夫不在她身边的时候，她会运用丈夫曾经使用过的一些技能来照顾她自己，这些知识让她感到安全，让她得以生存下去。詹妮弗就像是一个青少年，她正学习着新的社交、文化和职业技能。我已经不再需要给予诠释，只要我站在她的身边，便足以支持她"长大"。

分析的结束

詹妮弗忙着应对那匹马的问题，她观察小马驹的出生，初次体验到了女人味的感觉，然后穿越了情欲性的移情，在这期间，她没怎么提及格莱沃。在分析进行到第四年快结束的时候，我了解到，格莱沃已经有一年多的时间不会在性交之前打她的屁股了。这对夫妇买了一栋新房子，这是一所简朴的住宅。他们有了更多的朋友，她也不再嫉妒其他女性的美貌了。

我发觉，格莱沃的"偏执状态"改善了。我坚持不向我那资深的同事，也就是格莱沃的分析师去咨询，因此，我只能从詹妮弗这里了解格莱沃的情况。我注意到，与詹妮弗工作的第五个年头，她开始评估自己的婚姻生活了。她觉得自己在很多层面都很在乎丈夫，他的猜疑（现在已有减轻）以及他受限的生活方式（现在已变得更富弹性）并没有超越同他一起生活所获得的快乐。然而，詹妮弗也觉得，如果她与其他男人在一起的话，可能会有更好的生活。我并没有给出任何建议，只是提议她继续进行这种评估工作。这样的状态持续了一个月左右。她决定继续这段婚姻，还说想和他生孩子。面对她的这个决定，我感觉，我们已经来到了分析的结束阶段。她显然也感觉到了这一点，她提议确定一个时间来结束我们的工作。

我建议再进行三个月的分析，她很乐意地同意了。考虑到她曾经被萨拉太快地抛弃，被当作布偶一般来对待，以及对亲生父亲的恐惧，等等，我想，三个月的结束阶段会给她一个机会，让她回顾自己在分析之中得到的收获。而且，我想她需要一段时间来观察自己的哀伤过程，因为，她即将与我分离。我自己也需要哀伤。我知道，我会想她的。不过，我感到自己对她有一种慈母/慈父般的感受，我有一种兴奋的感觉，好像我看着"我的女儿"长大了，已经准备好离开家庭（我的沙发）了。

我们确定好了结束的日期。第二天，詹妮弗来到了我的办公室，她的头发里面插着新鲜的雏菊，她看起来很快乐，也很有女人味。那是一个春日，她躺在我的沙发上，看起来非常美丽。很长一段时间，她都没有讲话。我也没有说话。我注意到，我任由自己观赏着她的美丽，并且沉醉其中。我感到，她已经完全没有躲避在玻璃罩之下的感觉了。她没有再收集仰慕，以隐藏自己饥饿的自体，这个自体已经不复存在了。雏菊已经完全显露出来了。我注意到，她向我展示着她那具有女人味的美丽，她其实是向我赠送了一件礼物。关于她发间的雏菊，她只字未提。我也觉得不必去提及。她东扯西拉地说着，直到一个小时的时间即将结束，她说：“我意识到，我这个满插鲜花的发型其实是一个信息，我想让你知道，玻璃罩里面的花儿已经走出了自己的领地，开放了。”我回应说：“是的，我知道！”

在分析的结束阶段，詹妮弗提到自己想买一个农场，和格莱沃一起住到里面去。她与格莱沃谈到了这个想法，他没有反对。他们显然有足够的钱来购买农场。在很早之前，她就已经不再穿着那些华衣丽服了，也不再穿那些骑马的装束。现在的她很有女人味，穿着也很端庄。她有很多养育各种动物的幻想，养马，养羊，养狗，养猫。我们想起了她的梦，她在梦中梦到一个装满动物的口袋。她再也不害怕怀孕了，但是，她想要成为一个伟大的母亲——一位大地母亲（理想化的黑女仆）。这种夸大是一种残余，属于她之前的自恋性自体。如果她能够坚持待在“大地母亲”和“冰冷母亲”之间的灰色地带，她会变得更加现实。当我提醒她注意到这一点的时候，她欣然同意了我的观点。

她开始寻找合适的农场。她找到了一个农场，那里面有些东西让她深深着迷。她告诉了我关于这个农场的一些事情，在她的分析约定结束之日的三周之前，她开始与房地产商洽谈。然而，她无法理解这个地方究竟有什么东西令她如此着迷。当她再次前去参观的时候，她情不自禁地意识到了它具有独一无二的吸引力到底是出于什么原因：它与大部分的弗吉尼亚农庄都不大一样，它的周围环绕着一圈石墙，具有新英格兰（美国东北部的一个州）的格调。她告诉我，她随后便意识到，那面墙象征着过去那个不可见的玻璃罩，在这个玻璃罩之中，她保护着自己夸大性的自体。现在，她想要保护的已经是大地母亲的意象了。她理解到，她正在"参观"自己的玻璃罩综合征，这个洞见以及她对此产生的理解，使得她决定放弃购买这个有墙的农场，她对墙的依赖不见了。

詹妮弗告诉我，她觉得自己会想念我的，但是，她很确定自己终究会放下我，并且，她也会继续享受自己新近寻获的女性感受。分析按计划结束了。

多年之后

十四个月之后的一天，我看到詹妮弗在我办公室之外的走廊上踱步。她看到了我，朝我露出微笑，我便请她进来。她说，她这次来到医院，其实是出于别的一些原因，她只是想要顺路来看看我。一周以前，她在骑马（不是她之前的那匹马）的时候出了意外，便到我所在的大学附属医院接受治疗。当天，她是来接受复查的。她说自己并没有可见的身体损伤，但还是想要确定一下，看看会不会遗留下什么问题，妨碍到她照顾自己幼小的女儿，这个孩子是在她分析结束九个月之后出生的。我当时便明白了，詹妮弗之所以会出现在我

的办公室，其实与她的某个渴望有关。她是想告诉我，她有了一个孩子。她说，她以后再也不会这样骑马了，因为她现在再也禁不起任何伤害了。

我想，她怀孕的日子应该就在她的分析结束前夕或结束之后不久，我猜测着，她遭遇的这次意外也可能有着心理方面的因素。但是，我并没有就这些内容展开询问。因为，詹妮弗前来找我，并不是为了接受进一步的分析。不过，当她谈论自己的孩子时，我感觉到，詹妮弗想要让我知道她是一位令人满意的母亲。当她说自己的孩子很美的时候，我感觉到，她之所以强调这一点，只是出于一位骄傲的母亲对自己孩子的满腔挚爱。

詹妮弗的分析结束之后的三年里，我每年都会收到她寄来的圣诞贺卡。以我的经验，在我的受分析者当中，那些具有神经症性人格组织的患者，在他们的移情神经症得到分析，并且分析业已结束之后，他们便不会再跟我保持联系。我曾与那些具有精神病性人格组织的患者一起工作，也曾与沙发上的精神分裂症患者（Volkan，1976，2015b）一起工作，他们会在分析工作结束之后的几年内，仍与我保持联系，比如，他们会给我寄来新年祝愿。我认为，对这些个体而言，他们与我开展的治疗接近于儿童在早期与父母的关系体验，也正是由于这个原因，他们才会在离"巢"的几年内与分析师保持联系。詹妮弗并不具有精神病性的人格组织，也不是典型的神经症性人格组织。她处于两者之间的某个位置。我回忆起自己在她的分析临近结束时的感受，我感到她已是一个长大的孩子，正要离开父母的家（沙发）。我并没有回复詹妮弗的圣诞贺卡。

　　我们居住的夏洛茨维尔是一座小城市。詹妮弗的分析结束之后，有时候，我会在前去拜访朋友的路上驱车经过格莱沃的房子。房子周围有一圈小栅栏，我想，他们应该养了宠物狗。我敢肯定，这道栅栏不过是一种装饰，或者说，它只是一道屏障，以防自己的宠物狗跑到邻居家的领地去。这道小栅栏是否还沾染着詹妮弗的一丝欲望，也就是说，这是否代表着她出于某种心理方面的原因想要保护她的自我概念，这就不得而知了。

　　詹妮弗的分析结束五年之后，我非常偶然地再一次见到了她，我们是在杂货店购物的时候相遇的。她带着一个小女孩和一个小男孩。她在寄给我的圣诞贺卡上告诉过我，她想再要一个孩子。她带着显而易见的愉悦之情，把自己的女儿和儿子介绍给了我。她非常投入地照顾着他们，而且，从外表上看来，现在的她也很像一位母亲，与之前的状态相比，她看起来变得更加结实了一些。

　　虽然我和詹妮弗一直生活在同一座小城之中，但我们从来都没有遇到过对方，直到多年之后，我们在那个杂货店里偶然相遇。显然，她与我的社交圈之间的交集并不太多。

　　詹妮弗的分析结束十年之后，发生了一次最为有趣的随访。有一天，她给我打来了电话，预约我的时间。当我们相见的时候，她告诉了我预约咨询的原因。她描述了自己在接受分析之后内部和外部生活发生的稳定变化。她谈到了自己的两个孩子，以及对他们的挚爱。她还发展出了真正的友情，也开始认真地参与社会事务和艺术生活。

　　她说，她的问题在于格莱沃。他的情况的确有所改善，但是，他依然冷漠而多疑。他无法像她一样获得进一步的成长，依然严重地回避着其他人。詹妮弗一度觉得，也许有了孩子之后，他会有所改变，但是，她错了，他与自己的孩子们也保持着很远的距离。这使得詹妮弗意识到，拥有一个冷漠而多疑的父亲会给孩子们造成非常大的心理伤害，而她应该保护自己的孩子。她很高兴自己似乎做得不错，就她自己看来，她的孩子们在心理层面是健康的。

这些年来，詹妮弗一直在想与格莱沃离婚的事情。她意识到，这对她自己和孩子们而言是灾难性的，因为，他可能会撤回一切的支持，让他们在经济方面缺乏保障。因此，在预约我的时间之前，詹妮弗花了两年的时间在一个职业学校学习新的技能，这样，她就可以自己赚钱了。当她这样去做的时候，她也很清楚，她正准备从自己的婚姻之中出走。她告诉我，在她这次前来见我的一年之前，她和另外一个男人有了关系。她的私情尚在持续，而通过这段私情，她知晓了性的亲密到底是怎么回事。她不知道自己会不会与这个情人结婚，但她知道，她与丈夫离婚不单单是出于这个原因。简单来说，她想要从这种关系之中解脱出来，这种关系是她过去自体的残余，而她的丈夫没能像她一样获得成长，这是很不幸的。

詹妮弗告诉我，去年，她联系了一位律师，现在已经准备启动离婚程序了。她说，她预约咨询的原因是她想要做一些评估，就是如何跟自己的孩子们提及离婚的决定，以及，如何克服自己对于将离婚的事情告知丈夫而产生的恐惧，这一点尤为重要。詹妮弗觉得，他极有可能会勃然大怒，并对她造成伤害。我承认了这一点，对她想要离婚的原因也表示了理解，但是，关于如何与格莱沃接触，我并没有给她什么建议，这纯粹是因为我并没有具体而又可操作性的方法来解决她的窘境，也因为我觉得詹妮弗有能力自己处理这个问题。我还感觉到，她回来找我，与我分享这个重大的生活决定，就像是一个人在跟一位极其信任的亲密伙伴分享自己的生活一般。我建议说，詹妮弗比我更加了解她的丈夫，我确定她能够找到一个安全而又合适的方式与他交谈。

　　詹妮弗问我，她这段时间是否还可以再预约我的时间。我告诉她，在一周之内，她还可以再来见我一次。第二周，詹妮弗回来见我了，她的焦虑有所减退。她告诉我，她带自己的丈夫去了一个公共场合，这样，即便他怒不可遏，她也会是安全的。她告诉他，她打算跟他离婚。可能是受制于环境，他并没有被激怒。第二天，她正式启动了法律程序。她向我保证，最为重要的是，她也在向她自己保证，她的孩子们都很好，将来也会很好。詹妮弗并没有提到自己的父母和妹妹。显然，她完全是在独立地处理着离婚的相关事宜。这一次，我还了解到，最近几个月，她已经在一家公司有了一份稳定的工作，在那里，她可以运用自己学到的知识开展工作。她对我的聆听表达了感谢，然后便离开了我的办公室。

　　我发现，她已经成为一个全然不同的女人。就外表而言，她自然有所衰老，但她依然十分美丽。就心理而言，她没有表现出之前那种布偶式的人格组织。取而代之的是，她表现得自信果敢，有着良好的现实检验和更为健康的自尊，以及，最为重要的一点，她很温暖。

　　后来，我再也没有见过詹妮弗，也再也没有收到她的消息。我间接地听说，她的确离了婚，但她也没有和自己的情人结婚。后来，

我又间接地了解到，几年之后，詹妮弗和她的孩子们搬到了另外一个地方，远离了夏洛茨维尔，这个她的前夫和以前的分析师居住的地方。

第五章　起死回生

在本书最开始的部分，我描述了一位典型神经症患者的完整分析过程(也就是盖博的故事)，之后，我讲述了一个男人和一个女人的故事(也就是布朗和詹妮弗的故事)，从表面上来看，他们都表现出了夸大性的自恋。在本章，我将会描述赫曼的完整分析。他居住在德国，当他开始接受分析的时候，已经五十二岁了。我并非他的治疗师。我是他分析师的督导师。他的分析师是加布里尔·阿斯特（Gabriele Ast）博士，她比自己的患者要年轻一些。我不会说德语，但阿斯特博士的英语非常好。我与她非常熟识，她曾在弗吉尼亚大学做过两年的访问医师，在返回德国之前，她与我一同密切地工作，也一直在从事精神分析实践。她与赫曼每周见面三次，她从德国给我打电话，每周或隔周一次。我也会和她在国际精神分析会议上见面，每年或每两年一次，我们会谈到赫曼的治疗工作。我将我们的工作记录在案。赫曼的治疗持续了七年半的时间。如果与赫曼一同工作的

人是我或者其他的精神分析师，分析的时间会不会缩短或变长，这是无从得知的。我不会讲述我与赫曼的分析师之间产生的互动，也不会描述我对督导问题的处理。我只会讲述赫曼的故事，以及他接受精神分析治疗的过程之中所发生的事情。

我听说，赫曼有点儿肥胖。四十三岁的时候，他结婚了，而且这是他第一次结婚。他前来寻求分析是迫于妻子的催促，她觉得他可能有些抑郁，两人之间的性活动也有缺乏，妻子觉得他在这方面负有一定的责任。直到他在阿斯特博士的沙发上躺了一年半之后，他才披露说，他在接受分析的五年之前便陷入了强迫性和仪式化的自慰。那时候，他与妻子住在一间公寓里面，妻子比他小两岁，与他们同住的还有他与另外一个女人所生的女儿（当时十六岁），以及妻子在第一段婚姻之中所生的女儿（当时十四岁）。据赫曼所说，这个公寓里面有一个狭小而封闭的房间，那里有门无窗。他在这个昏暗的空间里面摆放了床和电脑，每天都会花很多的时间待在里面，晚上还会在那里睡觉。这个房间里面积存了很多色情杂志，里面有很多裸女图片，他会强迫性自慰，但在意识层面却没有任何自慰幻想。伴随着自慰行为，他会将裸女图片从杂志上面切割下来，把它们做成有框拼贴画。他常常会毁坏那些带有女性身体的图片，而有的时候，他只是把生殖器部位切割下来，然后用鲜花的图片来代替它们。有趣的是，这些女性身体的某一部分（比如一条腿）有时候会与拼贴画的框架发生重合，这样便给人留下这样一种印象：一个女人正从一个封闭的空间当中浮现出来。

赫曼的背景

在德国纳粹掌权时期，赫曼的父亲是柏林的电话修理员，他没有应征入伍。他的第一任妻子名叫萨博琳娜，他们的婚姻持续了二十年。萨博琳娜于1946年去世，而赫曼的父亲当时已经四十五岁了。她给他留下了一个十七岁的儿子和一个五岁的女儿。萨博琳娜去世之后不久，他和一位名叫玛利亚的女人结了婚，生下了赫曼。随后，玛利亚患上了肺炎，在赫曼出生六周之后便撒手人寰。接下去的几个月，周围的邻居们照顾着当时还是婴儿的赫曼，而他的父亲则去寻找第三任妻子，好让婴儿能够尽快获得照顾。他找到了马希尔德，一个来自东德（当时由苏维埃掌权）的难民。她逃出了不断发展的苏维埃势力，却在逃离途中遭到了俄国士兵的强奸。她怀上了身孕，之后堕下了一对双胞胎。她是一个寻找家园的受创伤者。

在赫曼的整个童年之中，马希尔德都会带着他前往墓地，每周三次，墓地里埋葬着丈夫的前两任妻子。他们会在坟墓上面献上或种下鲜花，这是赫曼最为重要的记忆（读者应该还记得，阿斯特博士与赫曼也是每周见面三次）。每次出发前往墓地之前，马希尔德都会跟小赫曼说："现在，我们去萨博琳娜和玛利亚那里。"当成年之后的赫曼回想起这些记忆时，他感到，马希尔德发出的墓地之邀似乎极为寻常，就好像是邀请某人去咖啡馆喝咖啡一样（这是小时候的赫曼经常会做的事情）。小赫曼并不知道萨博琳娜是父亲的第一任妻子，而玛利亚是他的母亲，他觉得马希尔德才是他的母亲。他和同父异母的姐姐共用一间卧室，这间卧室里面摆放着一张玛利亚的照

片。成年之后的赫曼逐渐意识到，在早年的岁月里面，他其实在某种程度上可能知道照片之中的那个女人才是自己的母亲。据赫曼所说，直到十一岁的时候，他才真正知道玛利亚就是自己的亲生母亲。

赫曼还有另外一段重要的记忆，这段记忆关系到儿童期的自慰活动。在他披露作为已婚男人的自己依然有仪式化和强迫性自慰之后不久，也就是分析开始一年半之后，他才将这段记忆告诉了分析师。自赫曼五岁时起，一个名叫伊达的女孩会和他一同进行自慰和性的游戏，她比赫曼大几岁，是他的邻居。他们的这些活动一直持续到他十一岁的时候才最终结束。那时，伊达有了一个新"男朋友"，她便离开了赫曼。然而，他继续过度自慰，一直持续到二十五岁左右，那时候，他仍然没有意识层面的幻想。

在赫曼十三岁的时候，柏林墙竖立了起来，地点就在离他家仅有十五米远的地方。赫曼与自己以前玩耍的地方以及一些亲戚突然被分隔开来，这些亲戚都留在了柏林墙的东边。树木都被砍光了，全副武装的士兵、警犬和带刺的铁丝重重包围着整个社区。环境发生了剧烈的改变，尚是青少年的赫曼搬去了一个新的居住场所，他接受训练，成为一名汽车技师，随后又做了警察。在那个历史时期，要想在柏林当警察，必须熟悉各种机械枪支和其他武器，赫曼在工作之中获得了这些技能。成为警察（从某种意义上来说，就是创造了一个外在的超我）之后，他不再自慰了。二十三岁的时候，他第一次有了性交体验，插入女性的阴道唤起了他内心想要杀人的冲动。他意识到，他可以用自己的机械枪去射击和杀害别人，而意识到这一点让他感到极为焦虑。他逃离了柏林（回避），留下了自己的武器。

　　他来到德国的另外一座城市，开始做其他的事情，而从表面上来看，这些事情与他的杀人想法是相反的（反向形成）：他想要去照顾别人，所以开始学习护理。他与一个女人同居，在35岁的时候，他们有了一个女儿，尽管他并不十分确定自己是这个孩子的亲生父亲。很快，他又感觉到了自己的杀人冲动，这一次，他的冲动指向了这位与他同居的女士。在一次狂怒爆发之后，他开始感到非常害怕，担心自己可能会做出一些出格的事情，他便再次搬往另外一个城市，再一次使用回避的防御机制对抗了杀人冲动，这与他之前逃离柏林的情形如出一辙。他留下了女朋友和女儿。

　　在德国的第三个城市，赫曼成为精神病院的一名护士。事实上，他的工作是守卫那些患有精神疾病的强奸犯和谋杀犯。他时常都想知道，他和这些暴力的患者究竟有没有什么不同。有一段时间，他新交了一位女友，但是，在这段关系里面，他建立了一种回避的防御机制：他住在离她一百公里的地方，万一他想要扼死她，这倒是一段安全的距离。由于有杀人冲动，他接受过为期三年每周一次的心理治疗。正是这段时期，他在柏林住了一段时间，而马希尔德生病了。一天，他发现马希尔德没有了生命迹象，便焦急地想要让她苏醒过来，同时呼喊父亲去叫救护车，但父亲没有听从他的要求。赫曼不得不自己去打电话，暂时停止了对马希尔德的抢救尝试。据他所说，他失去了宝贵的时间。马希尔德没能复苏。赶到现场的抢救小组成员告诉赫曼，他试图抢救的其实是一具尸体。即便如此，赫曼仍然觉得，没能挽回马希尔德的生命，自己和父亲负有不可推卸的责任。这一次，赫曼没能避免"杀"人，这使他觉得，自己的身体里面确实住着

一个凶手。

正在这个时候，赫曼女儿的母亲决定：这个女儿，她已经照顾了七年，现在该轮到赫曼来照顾了。赫曼同意了。家里有了这个小女孩，而医院需要上夜班，赫曼便辞去了医院的工作。他找到了一份照顾老年人的工作，这份工作可以只在日间上班。他在报纸上面发了一份广告，想寻找一位合适的女士与他结婚，帮助他一起抚养女儿——赫曼的举动与父亲当年带着马希尔德回家来帮忙照顾小赫曼的做法不无相似之处。他找到了一个名叫格蕾特的女人，她是一名离异的护士。她也从事着照顾老年人的相关工作，也有一个女儿。他们结了婚，几周之后，赫曼自愿接受了输精管切除术。那时候，赫曼四十三岁。

赫曼说，他在遇到格蕾特的时候便了解到，当她还是一个孩子的时候，曾经一度遭到父亲的性虐待。赫曼描述道，他觉得格蕾特是一个"死"人，他觉得，她的父亲"杀死了"她的灵魂。她和赫曼都对古埃及的死亡仪式颇感兴趣。赫曼确实是想找一个人来照顾自己的女儿，但是，当他了解到格蕾特的背景，他很快便做出了与她结婚的决定。结婚之后，他们发展出了一种伴随着性行为的仪式。首先，他们会沐浴，把自己清洗干净，这些时候，赫曼会在意识层面想着这样一个情形：死者身体里面的尿液和粪便得到了清理，然后才会被埋葬并送往另外一个世界。从某种意义上来说，赫曼和格蕾特是在和另外一个世界的死人发生性关系。他们在点着蜡烛的房间里面做爱，还一边听着特别的音乐。这些活动给他带来了深深的快乐以及一种宗教般的体验，在这种体验之中，他意识到自己想要通过性让格蕾特和他自己"起死回生"。让我们稍稍做一些回顾，在他二十三岁的时候，赫曼第一次进入女性的阴道，当时，他注意到自己有杀人的冲动。而在他结婚的最初几年，性活动却开始让他意识到一种相反的念头：他可以让一个"死"女人复活。

结婚大约两年之后，格蕾特似乎对这些性仪式感到厌倦了，开始接受精神分析式的心理治疗。她说自己患上了膀胱炎，开始拒绝参加赫曼的这些仪式。当"爬进"她的床铺、抓她的胸部或者插入她身体的愿望遭到拒绝的时候，赫曼感到自己就"像一只负伤的动物"。他开始接受分析的时候，已经五十二岁了。

最初一年半的分析

最初，躺在沙发上的赫曼就像是某个正在大声朗读报纸的人。他常常会重复自己不久之前告诉过分析师的故事，当他呈现自己发展史的时候，也并没有表现出任何情绪（这个时候，他的强迫性自慰还没有被谈及）。他谈论着自己与格蕾特的关系，说自己作为一名老年人看护者的日常活动。比如，赫曼描述说，有一次，他强迫一位不情愿的老妇躺到床上去，结果，他失控了，弄伤了她的胳膊。还有一次，他很"困惑"自己到底有没有给另外一位老妇注射胰岛素。他很焦虑，因为如果他给患者注射两次的话，她可能会死的。另一方面，如果他没有给她注射的话，她可能会受到严重的伤害。这些故事与他之前的恐惧很契合，他害怕自己会伤害那个第一次与其发生性关系的女人、孩子的母亲、第二个女朋友以及"被杀死"的马希尔德。他说，当那些老妇走向死亡的时候，他握着她们的手，他能够感觉到喜悦。与此同时，他描述着自己如何想要这些垂死的老妇复活过来。他说自己花费了很多时间来清洗和清理这些人，他会抚摸她们，并且感到性唤起。赫曼还说自己有一个重复出现的梦，在这个梦中，他清洗和清理着那些垂死的人，用衣服将他们包裹起来，好像他们是埃及的木乃伊。然后，这些人会脱下自己身上的包裹物，这意味着，他们复活了。

赫曼在童年时期会定期前往墓地，他想要通过性让自己的"死"妻复活，他描述着自己为那些垂死的老妇开展的服务，阿斯特博士和我听到这么多的信息之后，都想到了这种可能性：赫曼的生活受到了一种潜意识幻想的影响，这个幻想与他自己的愿望以及随之而来的恐惧有关——那就是让死去的母亲复活。

刚开始的时候，阿斯特博士想要引起赫曼的好奇之心，让他注意到自己每天都聚焦于同一个主题，也就是说，他既想帮助一个女人，又想伤害她，与此同时，他渴望她能够复活，但是又恐惧她复活。随后，分析师向赫曼表明，他在童年时仪式性地拜访两位死去母亲的坟墓，可能迫使他以某种强烈的方式想象到了她们的尸体，其中，可能还包含着他的想法，那就是，死去的母亲们会从坟墓之中走出。赫曼想起来，在孩童时代，当他站在母亲的坟墓旁边时，他有时候会想把她（她们）挖出来，同时又会被这样的行为吓坏。阿斯特博士开始为赫曼的潜意识幻想赋予情节："我可以让死去的母亲复活，她会从坟墓中出来。这让人害怕。因此，我也想让她保持着死去的状态，被完好地安葬。"她将自己想到的这个故事情节分享给了赫曼。她告诉他，他似乎有一个无尽的任务：让人们复活，却又害怕他们真的有可能复活，因此又想要"杀掉"他们。分析师和赫曼之间的这场互动是分析的转折点，这标志着，身处分析师办公室的两个人开始对彼此感到了好奇。

随着分析的进展，阿斯特博士将自己的猜测告诉了赫曼：马希尔德带着小赫曼去探访玛利亚和萨博琳娜的两座坟墓，这可能与她自己的创伤经历有关，因为她流产了一对双胞胎，那是她遭受强奸之后怀上的孩子。阿斯特博士进一步解释道，马希尔德可能将自己死去的双胞胎意象置换到了丈夫前两任妻子的尸体上面（在分析进行很久之后，赫曼告诉阿斯特博士，他的父亲曾经一度告诉赫曼，他从未爱过马希尔德，他的爱仅献给萨博琳娜和玛利亚。由此，我们可以推断，马希尔德强迫性地探访墓地，也可能是她在以被动攻击的方式取悦丈夫，获取他的认可）。

最初一年半的分析，与赫曼的某些会谈之中，阿斯特博士常常产生一种模糊的嫌恶感。她向我报告说，她多次感觉到赫曼正把她放入一个封闭的空间（框架）之中，她在其中感到自己如同死去了一般。她与我都觉得，其中隐含的主要移情表现就是，赫曼与她之间的关系，就好像她正是他那身处坟墓之中的亲生母亲。我的主要任务就是帮助阿斯特博士忍受那种被"框住"和"死去"的感觉（这一切均发生在她与我了解到赫曼的有框拼贴画之前）。

在会谈之中，阿斯特博士感到自己被送入了一个封闭的空间，而她将自己的这种感受分享给了赫曼。她告诉他，他控制分析师的方式，可能涉及他与坟墓中那位死去的母亲之间的心理关系。他需要她，但他也害怕着她"死去的"意象。刚开始，赫曼并不认可这种解释。然而，他很快便开始告诉分析师，他会在自家公寓的暗室之中进行强迫性的自慰。他的妻子不再与他发生性关系之后，他试图以性刺激的方式将她复"活"的幻想也就不再成为可能，于是，作为已婚男人的赫曼开始了仪式化的自慰。他借用杂志图片之中不同的身体部位，似乎在创造一个复合的母亲／爱人，就好像是在拼凑母亲们的成长过程。在这些拼贴画之中，那些超出画框的身体部位，暗示着死去的母亲们可能会从她们的坟墓之中出来。赫曼似乎时时刻刻都在受到他自己潜意识幻想的诅咒。分析师和我都很确信，由于他曾经重复探访墓地，所以，这是一个成真的潜意识幻想，这个幻想与死者有关，也涉及通过性兴奋让女人们复活或者（以及）杀死她们（不久之后，赫曼告诉阿斯特博士，他在内心常常将性高潮与死亡联系在一起）。

第二年下半年至第四年的分析

赫曼说，他对自己自慰和制作拼贴画的行为都深感羞耻。阿斯特博士了解到，在最初一年半的分析之中，赫曼的这些行为一直都在持续着。因为感到羞耻，所以，他并没有提及这些重复的行为。当他感到分析师不会羞辱他，会对他所说和所做的任何事情所包含的意义都保持好奇，赫曼便开始在某些会谈之中带来自己的拼贴画。他躺在沙发上面，将它们展示给阿斯特博士。会谈结束之后，他又会将自己的拼贴画带回到公寓里那间封闭的屋子去。看过这些画框之中的裸体女人图片，分析师便进一步感觉到：在会谈之中，赫曼通过将他的分析师放置入一个画框之中，创造出了一个类似于拼贴画的情境。

如前所述，这些图片中的女人们常常受到损坏，有时候，她们的腿部会从画框之中伸出来，暗示着某个女人正试图从一个封闭的空间（坟墓）中走出来。分析师告诉赫曼，公寓中这个昏暗的封闭空间正代表着墓室，赫曼将门打开一条小缝儿，就像是一条腿从拼贴画的画框中伸了出来，这代表着让某人/他自己走出坟墓的一种愿望。

赫曼回忆起自己在童年时期与邻居家的朋友伊达发生的自慰，以及与她分离之后，他在成为警察之前独自进行的强迫性自慰。他开始在会谈之中琢磨他和伊达互相进行的自慰经历。除了抚摸和帮助对方自慰之外，他还会和伊达一起排尿。赫曼从未邀请自己的分析师相互自慰，也并没有提及这样的白日梦。但如今，当他躺在沙发上的时候，他会感到一股强烈的排尿冲动，他会离开房间去上厕所（抚摸自己的阴茎），然后再返回房间，躺到沙发上去。

第四年的分析以及分析师接受了患者关于色情材料的不寻常要求

直到接受分析的第四年，赫曼才开始能够认真探讨他父亲的角色。父亲对赫曼极为忽视，他在纳粹德国忙于工作，当赫曼受到身负精神创伤的马希尔德的不良情绪影响时，他根本无暇将儿子从中解救出来。显然，有人告诉过赫曼的父亲，如果玛利亚怀上了身孕，她就可能会死掉。赫曼和他的分析师探讨了这种可能性：赫曼的父亲让玛利亚怀上了身孕，这"杀死了"玛利亚，他为此深感内疚，而他儿子的存在时时刻刻都在向他提示着这种内疚。他的内疚感可能在某种程度上使他成了一个"缺席的父亲"，使他未能帮助赫曼带着极大的自主感登上发展的阶梯。阿斯特博士和赫曼理解到，赫曼之所以接受输精管切除术，可能涉及这种感觉：如果他让妻子怀孕，她就会死去。马希尔德去世之后，赫曼的父亲也去世了，当时，赫曼还没有前来接受分析。在接受分析的第四年，赫曼逐渐能够理解父亲遭遇到的那些丧失和问题了。

在他接受分析的第四年，赫曼开始提及自己想要停止自慰行为的愿望。分析师想要让赫曼自己去完成，所以，她并没有鼓励或阻拦他。赫曼开始逐渐减少自慰行为。当他偶尔发生自慰的时候，他说，这让他感到自尊很低。阿斯特博士继续倾听着。慢慢地，赫曼永久停止了强迫性自慰，也不再制作拼贴画，尽管他并没有扔掉那些色情杂志。当赫曼的行为发生改变的时候，他带着一本书来到了分析师的办公室。这本书里面有兰花的图片，他想把它当作礼物来送给她（让我们回想一下，之前，赫曼会切割女性身体的图片，将花朵摆放在生殖器的区域）。

似乎，他想要感谢她，感谢她帮助自己移除了自慰的症状。她告诉他，如果她把这本书当作礼物接受下来，他们双方可能就无法探索这个行为蕴藏的更深层的含义了。

赫曼和他的分析师讨论着：兰花，生长在"死掉"和腐坏的枝丫之上。他分析师的名字叫阿斯特，在德语当中，这个名字的意思就是树木的一条"枝丫"。对赫曼而言，兰花看起来就好像阴道一般。在这个移情之中，兰花象征着一个崭新的母亲，她从一条腐坏的"枝丫"上面生长了出来。分析师告诉赫曼，他可能正从腐坏的自体上面发展出一个（力比多化的[1]）崭新自体，然而，有时候，这个崭新的自体却会和另外一个崭新的、更为健康的心理表征融合起来，那就是母亲/分析师的心理表征。

阿斯特博士和我进一步思考着，赫曼想要送给分析师一本带有兰花图片的书籍，通过这种方式，他可能想让分析师保存并保护他新近发展出来的母亲/分析师意象和自体意象，从而取代他潜意识幻想之中去世的母亲意象以及与之相关的儿童意象。分析师将此告诉了患者。对赫曼来说，分析师的表达是具有意义的，他不再强求分析师收下这本书。他会自己保存和发展自己的"新"自体，但是也害怕"旧"自体可能会污染和抑制自己健康自体的发展。他变得焦虑起来。因此，赫曼开始从家中那个昏暗的房间"转移"到了分析师的办公室，寻求着进一步的分析工作。我这里所说的"转移"，并没有以某种象征化的方式得以完成，而是有点儿字面上的意思。

赫曼问阿斯特博士，他是否可以把昏暗房间之中那些（一叠又一叠的）色情杂志以及一部色情电影录像带拿到她这里来。他说，在分析师这里放一段时间之后，他会最终决定如何处理这些物品。分析师与我商讨之后，同意赫曼这样去做，只要双方都保持好奇，只要

---

[1] libidinalized，力比多化的。——译者注

赫曼知道，他对这些杂志和录像带负有最终的责任。

阿斯特博士的办公室位于她的私人住宅里面，周围环绕着一座花园。赫曼的色情杂志和录像带放入了房子里面的一个柜子，在其中保留了九个月。有一天，赫曼要她把杂志带到办公室，她按他的要求做了。他躺在沙发上面，饶有兴趣地向她展示了其中一本杂志上面的一张图片，图中有一个柔软的天鹅绒枕头，枕头旁边是一个裸体女人。他对这个枕头进行了联想，他意识到，这个枕头象征着他内心渴望的柔软母亲。然而，赫曼带着一种害怕的感觉说道，在这个枕头上面，他还看到一个好像是怪物的图案。他现在更加清楚地意识到，他想要通过性刺激让一个柔软的母亲复活，但是，如果她从坟墓之中走出来，她就会变成一个怪物，需要被杀死。他说，他带给分析师的那部色情电影，它的"情节"也涉及让死者复活的内容：这是一个与吸血鬼和德古拉[1]有关的性故事。这进一步证实，他对自己成真的潜意识幻想所具有的故事情节已经有了更新、更为全面的认识。

一天，赫曼说，他已经准备好扔掉那些杂志和录像带了，因此，分析师便在接下来的一次会谈之中把这些东西带到了办公室。在会谈的中间阶段，他拿回了自己的杂志和录像带，他向分析师询问，可不可以离开房间，把这些东西丢进分析师花园里的垃圾桶。他离开了房间，把杂志和录像带丢进了外面的垃圾桶，然后回到了会谈之

---

[1] 德古拉（Dracula），著名的吸血鬼形象，原型为中世纪外号为"刺棒"的瓦拉几亚大公弗拉德三世。弗拉德三世在1456年至1462年间统治着如今的罗马尼亚地区。当时，奥斯曼帝国的土耳其人曾在德古拉的城堡前面看到两万人被插在长矛上面，任由其腐烂。尽管多数人将德古拉视为虚构的嗜血怪物，但罗马尼亚人视其为民族英雄。——译者注

中。分析师突然意识到，这些东西在她的房子里面被保存了九个月，这可能包含着一种意味：赫曼终于能够在成真的潜意识幻想之中处理他的旧自体，修正并控制它所产生的影响，而在此之前，他一直都在等待，等着他的新自体最终"出生"。

第五年和治疗性戏剧的开始

赫曼丢弃了那些色情杂志。几个月之后，赫曼一直徘徊在两种不同的感受之间，有时候，他感到自己很强大；有时候，他又觉得自己很虚弱，他会出现心跳过速，并且开始说自己需要休息一下。

在德国，考虑到退休之后的生活，受到雇用的人们通常每个月都会向某些组织付费。这些组织会资助个人前往位于乡下的一些"治疗场所"，帮助个体保持工作能力，避免个体过早退休。如果个体感觉到自己在心理方面负有重担，这些地方还会提供一些相关的活动，比如治疗性的团体集会和职业治疗等。扔掉自己的那些杂志和录像带之后不久，赫曼开始申请前往其中的一个地方。分析师感觉到赫曼想要让自己"新生"的健康自体接受真实而具体的滋养。她向赫曼做出了这样的诠释，但他似乎已经下定了决心，她决定让他自己来做决定。他用了将近一年的时间，终于找到了一个有空位的地方。他离开分析，"休息"了六周的时间。

在他回来之后的第一次会谈，赫曼向分析师展示了一个大约三十厘米高的黏土小人。他说，在外出的这段时间，他参加了一个职业治疗工作坊。他描述了自己在工作坊之中制作这个黏土小人的过程。他继续说道，刚开始，这个小人代表着"他体内的女人"。他声称："我身体里面的那个女人被拿出来了。"他将这个小人扁平而又毫无特色的面孔涂成白色，其他的部分则涂成蓝色，然后，他意识到，他"把母亲从她的坟墓当中挖了出来"。意识到这一点之后，他感到震惊和恐惧。他发现，在这个疗养所里面，他根本无法跟其他人分享自己所做的事情以及他的感受。对当时的他而言，这个黏土小人甚至都不是一个复杂的象征物，它就是母亲的尸体[一个原型象征[1]（Werner & Kaplan，1963）]。他一直处于一种极度不安的状态。现在，他回到了分析师的办公室，他终于可以激动地与她分享这个惊人的事件了。分析师和我觉得，他将自己那成真的潜意识幻想带到了一个游乐场，在分析师那双极具观察力的眼睛之下，他开始同它一起玩耍了。

赫曼问阿斯特博士，他是否可以将这个小人埋在阿斯特博士的花园里面，也就是那个环绕着一楼办公室的花园。他说，他已经将自己那些色情杂志和色情录像带"埋"在了花园里面的垃圾桶里面，如果她不介意的话，他会再挖一个"坟墓"，将自己的母亲也埋在这里。阿斯特博士提醒赫曼，他的杂志和录像带已经被垃圾处理员收走了。她告诉他，如果他把这个黏土小人埋在她的院子里面，它就会保留在她的自然空间里面，而这个自然空间也代表着她的心理空间。如果他将自己分析师的花园转变成为一个坟场，那么就不允许他凭借自己的自主性，自己去决定如何处理自己的母亲。

---

[1] 原型象征，protosymbol。——译者注

第六年的分析：连结性客体的创造和"埋葬"

赫曼将这个小人在自己家中保存了将近一年的时间。一天，他用锤子敲碎了它。随后，他便遭遇了好几起车祸，而这些车祸的含义也逐渐变得清晰起来。第一个含义涉及赫曼想要"杀死"母亲的愿望，这让他产生了内疚感，他通过车祸来惩罚自己。很快，车祸所包含的深层含义浮出了水面：在他的潜意识幻想之中，他的意象与母亲的表征发生了"融合"。因此，当他的母亲（黏土小人）遭到了毁坏，赫曼（他的车）就必须遭到同样的毁坏。

阿斯特博士和赫曼针对这个黏土小人所开展的讨论变得越来越多，它也越来越成为一个典型的象征：它不仅象征着母亲的心理表征，而且也象征着他自己与前者相关联的心理意象。透过分析师的诠释，赫曼慢慢理解到，他的黏土小人如今代表着一个连结性客体（Volkan，1981，2014；Volkan & Zintl，1993）。连结性客体是一个外部的场域，在这里，逝者或逝去之物的心理表征与哀伤者与之相关的意象发生了相遇。某些有着复杂哀伤的成年人（我称之为"漫长的哀伤者"）会发展出连结性客体。在其身处的环境当中，从那些各种各样可以获得的事物之中，他们会"选择"一个没有生命的连结性客体，在心理层面将这些事物转换为一个场域，而他们自己的心理表征和他们所失去的客体表征就在这一场域相遇。连结性客体可能是亡故者生前的所有物，比如手表，或者亡故者生前常常会穿戴或使用的一些东西。亡故者生前为哀伤者准备的礼物，或者身在战场的士兵在战死之前写下的家书，都有可能会发展成为连结性客体。

亡故者的真实表征（比如照片）也有着连结性客体的功能。与此相类似的，还有我所谓的"最终时刻客体"，它是指，刚刚得知亡者的死讯或者看到死者的遗体时，哀伤者手边的某样东西，这个客体与最后的时刻联系在了一起，在这个最后的时刻，亡故者会被认为尚是一个活着的人。

哀伤者会在连结性客体上面投入大量的时间和精力，他们通过这种方式将自身的哀伤过程外化至他们身体外部的连结性客体之上。他们希冀着借由连结性客体的魔力，将亡者带回人间；同时，他们也寄希望于借由对连结性客体的摆脱，完成自身的哀伤工作（在心理层面摆脱死者或逝去之物的表征）。这两种可能性，他们都无法完成，但作为代替，他们将连结性客体置于自身绝对的心理控制之下，从而推迟了哀伤的工作，继续保持着漫长的哀伤者身份。然而，拥有连结性客体，留存了这样一种可能性：总有一天，漫长的哀伤会得以终结。

赫曼将这个黏土小人（现在，它是一个连结性客体）保存在自己公寓的一个抽屉里面，紧挨着他的妻子正在使用的一罐阴道霜剂。他以往幻想（通过性，让他死去的母亲得以复活）的残留物仍在延续。有一天，他用之前的那把锤子将这个黏土小人完全击碎了，使之成为小小的碎片，换句话说，就是犯下了象征性的谋杀罪（快速而又神奇地完成自身哀伤的一种尝试）。他将碎片放入一个玻璃罐子，由于他尚不能摆脱被谋杀的母亲，他便将这个罐子放在了家中。分析师觉得赫曼卡住了，他既无法对自己的母亲说"再见"，也无法不说"再见"。几个月之后，在我的建议下，分析师提议赫曼把那个击碎的小人带到会谈之中。她说，他们俩可以一起看看这个被谋杀的象征物，看看它在赫曼的心里可能会诱发什么样的想法。赫曼带来了这罐黏土碎片，分析师说："让这个小人跟你说话吧。"赫曼随即"听到"了一首歌："尘土、鱼、恐龙、宏大、微小：一切都在我这里。"[1]赫曼从自己刚刚"听到"的内容开始联想，他终于明白母亲的表征在他那成真的潜意识幻想之中所包含的信息。她说，她既大又小，她无所不是，她是整个世界，她儿子是无法摆脱她的。赫曼带着决心说道："是我做了这个黏土小人，我可以摆脱它。我需要完完全全、彻彻底底地摧毁它，这样才能寻找到一个空间，让一些新的东西在我体内生长出来。"他说，自从"生下"这个小人以来，他自己已经瘦了十公斤，然而，他的体重虽然减轻了，但他对此感觉良好，而这个事实证明，她已经不再留存于他的体内了。他补充说："我的确无法让一个死去的女人复活，让一个死去的女人复活，远非我之力所能及。"

在接下来的一次会谈之中，赫曼详细地描述了自己"埋葬"这个黏土小人的过程。在妻子和另外一个女人（家庭好友）的陪伴之下，他来到了城外的一条河边，那条河上有一座木制的小桥。他报告说，在很久之前，他就已经选中了这个地方，只不过他一直都在等待着一个合适的时机来"埋葬"自己的母亲。在河边，他离开了这两个女人（她们可能象征着坟墓之中的两个女人，但是这个议题在治疗之中并没有予以探索），独自穿过那座建有顶棚的桥梁（他以这种

---

[1] 歌词的德语原文为：Staubkorn, Fisch, Dinosaurier, gross, gering: Alles ist in mir drin（"A grain of dust, fish, dinosaur, big, tiny: Everything is in me"）。——译者注

方式创造了穿过产道的象征性姿势），将已经粉碎的黏土小人撒入了桥下的河流。然后，他把那个空罐子扔进了垃圾桶。

这个事件发生之前不久，飓风卡特里娜席卷了美国的新奥尔良，赫曼在电视上看到过这场灾难的新闻报道。与此同时，在德国，赫曼和他的分析师居住的地方也遭到了洪水的袭击。赫曼说，摆脱那个黏土小人之后，他注意到河边树木的枝丫上面有一些标记，这表明，河水的水位最近曾达到了相当的高度。他想，在灾难面前，城市也许是脆弱的，但是，危险如今已经过去了（我想再一次提醒诸位读者，在德语中，分析师的名字便是"枝丫"之意）。阿斯特博士觉得，当赫曼丢弃他的连结性客体时，他也意识到了分析师的存在。在成真的潜意识幻想之中，母亲的心理表征和他自己与之相关的意象都已被他摧毁，但是这种摧毁并没有泛化，并没有毁灭他的分析师或者这个城市，而这个城市正是患者和分析师的家之所在。因此，当赫曼讲完他在河边的故事之后，阿斯特博士评论说："我依然是存在的，你也存在。"赫曼也以自己的方式表达了这一点。他将黏土小人的碎片撒进河水之前以及之后，都给那座木质的桥梁拍了照片。他以象征性的方式表明：当他最终摆脱他的母亲以及与之相关的他自己的意象时，这座桥（实际上是整个世界）依然坚固地矗立着。他只是摧毁并埋葬了那个黏土小人，除此之外，别无他物。

在接下来的几周之中，赫曼说自己感觉到了"自由"，他常常提起柏林时期的儿时记忆，仿佛他想以一种新的方式在内心重新安置自己的童年意象。他回忆起很多人、很多事，特别是他那位同父异母的姐姐（如今已结婚生子），当他还是一个小男孩的时候，他们俩曾共用一间卧室。他也回忆起了自己同父异母的哥哥，很久以来，他一直住在一个离德国很远的国家。听着阿斯特博士描述她与赫曼在"埋葬"黏土小人之后的工作，我想，赫曼就像是一个正在穿越"青春期隧道"（Blos，1979）的少年，他回顾着童年的意象，一些予以修正，一些予以丢弃，当然，他也收获了一些新的意象。赫曼对柏林的评价也发生了改变，这座城市以政治性城市的形象浮现在他的脑海，这是一个现实意象，很多人都是这样看待柏林的。玛莎·沃尔芬斯坦[1]（1966，1969）说，个体穿越青春期隧道的过程为成人式的哀伤提供了一个模型：个体修正并丧失某些内部意象，而后也收获了新的内部意象。

丢弃黏土小人的时候，赫曼显然没有体验到很深的情绪。他告诉阿斯特博士说，这让他感到很惊讶。然而，不久之后，圣诞节到了。赫曼听一盘唱诗班的音乐磁带时，他发现自己啜泣得很厉害，而那盘磁带歌颂的是怀孕的圣母玛利亚。他是在哀伤母亲的丧失。他记起来，在分析刚开始的时候，他想到自己根本没有与亲生母亲共度的生命经历，这让当时的他体验到了难以忍受的痛楚。在这个圣诞节，他再次感到了极度的痛苦，但是，这一次的痛苦是"不同的"。正是他的啜泣让痛苦变得不再相同。后来，他再度去听了那盘音乐磁带。这一次，痛苦消失了。

---

[1] 玛莎·沃尔芬斯坦（Martha Wolfenstein，1911—1976），美国著名精神分析师及作家，毕业于哥伦比亚大学，拥有心理学硕士和美学博士学位。沃尔芬斯坦的家族遭受过多次严重丧失，而她也在早年丧母，这些经历对她的作品有深刻的影响，她关于儿童丧亲的文献极具临床价值。她还曾与著名人类学家玛格丽特·米德和罗斯·本尼迪克特共同出版过《当代文化下的童年》（1955）一书。——译者注

第七年的分析和俄狄浦斯主题的到来

赫曼创造了一个具体的象征物，用来象征他的母亲以及他自己与之相关的意象，然后又将它们"埋葬"，他以这样的方式修正了自己过去那成真的潜意识幻想。之后，赫曼与妻子一同发展出了一个爱好。他们将这个爱好命名为"花束"（Bluemeln），这个德语单词可以被翻译为"嬉戏花间"。他们探访植物园林以及城外的田野，寻找并研究各种各样的花儿，去了解它们的准确名称。当发现新花的时候，他们会很兴奋。

赫曼告诉阿斯特博士，他的父亲出现在他的梦中，跟他提及德国电视肥皂剧里面那些"高层次的"人，他告诉儿子，他还没能达到这些电视角色所属的社会层次。这个主题在移情之中也有所反映，赫曼将自己的职称与分析师的职称进行了比较，间接地讽刺着分析师拥有"更高的"学位。分析师感觉到，赫曼正开始将俄狄浦斯的主题带入自己的分析。他开始成为阿斯特博士的竞争者了。赫曼躺在沙发上，他说感觉自己是"一只可以飞翔的鸟"。他想要飞得"越来越高"，但是，他想知道分析师是否允许他这样去做。要是沙发上面有一张无形的网将他拦住，不让他高飞，那该怎么办？

赫曼想着，当风暴来临的时候，树木的枝丫会不会掉到他的头上。分析师觉察到，赫曼正在体验阉割焦虑。为了控制自己的阉割焦虑，他开始着迷于献祭动物的习俗。在某个宗教节日，这些动物的咽喉会被切开。被阉割的不是赫曼，而是动物。人们没有给这些动物注射麻醉药来减轻它们的痛苦，他为此感到很生气（赫曼意识到，分析师的办公室里面摆放着很多穆斯林的物品，这些物品大多来自埃及）。

阿斯特博士将赫曼在这个分析阶段的情况告诉了我，我想，这时候的赫曼就像一个年少的男孩，他正在处理俄狄浦斯期的议题，在与分析师竞争，并伴随着与之相关的焦虑。我还感到，分析师对自己的这位患者所取得的进步感到非常高兴。赫曼表现出了阉割焦虑，并且忍受着这种焦虑，之后，他开始慢慢体验到自己是一个拥有足够自尊的男人。在现实生活中，他的体重减轻了，他看起来身体很健康，也很英俊。他说，只有像他这样职业生涯跨越了三十年的人，才能夸耀自己的职业，而这样的人并不多。他解释说，他之前幻想杀死或复活自己的母亲，而这些幻想在他的工作之中已经不复出现。由于他高水准的职业水平，他收获了很多人的赞扬。从这时候起，赫曼只是某个躺在沙发上面的"典型"患者，有着神经症性的人格组织。

摆脱黏土小人一年之后，赫曼将一个俄狄浦斯之梦带到了会谈之中。在梦中，他和自己的一位女上司发生了性关系。分析师和赫曼理解到，这位女上司正代表着分析师。赫曼还告诉分析师，他对自己的某位同事有性方面的想法。这期间，尽管他与妻子之间的伴侣关系让他感到很舒服，但他们依然没有性生活。他暗示说，他并没有追求这位同事，因为这样做并不合适。赫曼结婚之后，对他而言，妻子象征着一个非常特别的意象：在他成真的潜意识幻想之中，她是一个"死去的"女人，是一个需要被复活的女人。赫曼和阿斯特博士对以上事实进行了讨论。现在，她成为一个非常好的陪伴者，但并

不是一个性欲的对象。反过来，她也觉得跟他在一起很舒服，但她对他也还没有性的渴望。关于他与妻子之间的关系，阿斯特博士并没有给他相关的建议。赫曼和妻子到底是想成为一对性伴侣，还是继续保持良好的陪伴关系，这取决于赫曼和他的妻子。

　　在分析之中，赫曼在俄狄浦斯的阶段穿越着，他对父亲的兴趣开始变得浓厚起来。赫曼和分析师再一次谈到了那个让父亲深感内疚的想法：他使玛利亚怀孕，而这导致了她的死亡。这个想法似乎与赫曼之前成真的潜意识幻想重叠到了一起，赫曼幻想着"杀死"（或复活）一个死去的女人。赫曼的父亲并非德国纳粹军队里面的士兵，但如今，在赫曼的心里面，"凶手父亲"与凶手纳粹联系到了一起。赫曼记得，当他二十二岁的时候，他还在做警察，他当时与一位著名纳粹的儿子有来往，他后来帮助这个人运送过几瓶工业用的"致命气体"。他还想起来，有一天，他让一群犹太年轻人顺路搭上了自己的卡车，他想象着自己载着他们开往死亡集中营。

　　这些记忆的复苏让赫曼感到羞耻，他开始想要知道自己是否认同了这样一个纳粹父亲。他开始想要知道自己的父亲在纳粹德国时期究竟做了些什么事情。最终，他与自己同父异母的哥哥取得了联系，他的这位兄长在很多年前移居到了离德国很远的一个国家，他对父亲在战争时期的艰难生活有更多的了解。但是，赫曼依然无法获得确切的答案，也不知道父亲是否卷入过纳粹势力。他再一次了解到，父亲曾经竭尽全力地为他寻找母亲，同时，他也确认了以下事实：在赫曼成长的过程中，很长一段时间父亲都不在家。赫曼回忆起来，当他还是一个孩子的时候，脾气很暴躁，但又常常感到非常无助。后来，他躺在沙发上面，花了不少时间，收集到了关于父亲的很多正面回忆，比如，他的父亲有一个很大的风筝，它和小赫曼一样大。

在这个分析阶段，从技术层面来讲，赫曼正在寻找一个强大的父亲形象，以作为自己认同的榜样。他说，伊达家的房子里面回荡着那么多的笑声，而他又多么喜欢伊达的父亲。他想，当他还是孩子的时候，伊达的父亲就是他的角色榜样。等赫曼到了二十多岁的时候，他和父亲一起做过一些活动，比如修车。阿斯特博士和赫曼一起探索着好父亲的榜样。关于赫曼的父亲在玛利亚去世之后可能感受到的内疚感，以及他之后经历到的复杂哀伤过程，他们也探讨了更多的可能性。赫曼在内心评估父亲可能存在的问题，有助于他获得自由，从而接受自己，确认自己是一个有着合理自尊的男人，而这些自尊感是他在分析之中发展出来的。他说自己的内心有一种"宁静的感觉"，并且真诚地渴望着过上一种快乐的生活，尽管他觉得，作为一个没有神经症的人，他接下来的生命历程可能会相对较短一些，因为，他很快就要六十岁了。在现实之中，分析师要比赫曼年轻一些，但她还是把自己的想法告诉了赫曼：在六十岁之后，人们会展开一段新的生活。

分析的结束

几个月之后，赫曼和自己的妻子外出度假，他们又开始有了性生活，而且不再伴随着那些仪式。他感到自己获得了解放。很快，赫曼开始提到结束自己的分析。阿斯特博士让他再考虑一下，看看还有没有什么议题需要进一步的工作。在接下来的一次会谈之中，赫曼回应说，他想知道自己是不是女儿的亲生父亲。他应不应该和自己的女儿去做一下基因检测呢？似乎，他仍然想要做一些工作，以接受自己的男子气概。很快，他放弃了这个想法。他说，就算他的女儿不是他亲生的子女，这也不会让他自己成为一个较差的父亲，而且，他不愿意伤害她。女儿追随他的足迹，学习了护理，尽管她从未成为一个执业护士。相反，她获得了人类学的学位，她去了中亚，在那里开展田野工作研究。赫曼为她感到骄傲。他和分析师彼此都同意在四个月之后结束赫曼的分析。

赫曼拜访了同父异母的姐姐，她住在德国的另一个地方。姐姐的丈夫是一位农夫，在拜访期间，赫曼帮助他挽救了一些羊的生命。他还发现了一只死猫，他把它放在一个盒子里面，并叫来了兽医。他躺在沙发上说："我对救命和死亡的那种着迷之情，已经不复存在了。"他想把自己照顾老年人的一些经验写成一本书。谈起这个写书的计划，他告诉阿斯特博士："死亡之后并没有生命。我从未看到过任何一位死者可以重新站起来。我从事的职业很好，我做了三十年。我的生命是充实的。"他和妻子开始重新装修他们的公寓，之前单调的白色被换成了一些鲜艳的色彩。阿斯特博士认为，赫曼和妻子重新装修自己的公寓，这反映出这对情侣对生活有了新的观点。她并不需要把自己的这些想法分享给赫曼。

结束的日期日益临近，赫曼开始出现了胃痛的反应。特别有趣的是，当赫曼在沙发上面描述自己的症状时，阿斯特博士产生了一个想法，她觉得赫曼可能患上了癌症！他们开始探索死亡的主题，这是哀伤过程的一部分，因为分析结束的日子马上就要到了，然而，针对这些主题的讨论并未持续很久。赫曼之前接受过输精管切除术，但他的健康状况是很好的。阿斯特告诉我，她会想念赫曼的。赫曼说，当他看到树木上面垂下来的枝丫，他特别想知道，当他们不再见面时，分析师会有什么样的感受。患者和治疗师都谈到了以下事实：他们都在体验着一种丧失的感觉，也都在接受着他们对此产生的感受。赫曼感谢阿斯特博士陪伴了他七年半的时间，并且帮助了他。他说，他特别感激她引领他以自己的方式解决了自身的问题。

最后一次会谈，赫曼的心情很好，因为就在前天，他的继女（几年前已经搬到了她自己的公寓）跟他打招呼的时候开玩笑地说："早上好啊，一个苦恼的人变成了一个截然不同的人。"他的继女向赫曼吐露，她自己有一些情绪方面的问题，她想要继父问问阿斯特博士，能不能给她推荐一个好的精神分析师。她决定像继父一样去接受精神分析。赫曼说，他和继女之间的这个互动是一个证据，证明继女知道他所接受的分析在多大程度上帮助了他。他笑了起来，说自己是一只"老兔子"。阿斯特博士告诉我，在德语中，做一只老兔子意味着在某个兴趣领域成为专家。赫曼说，在精神分析的过程体验方面，他是一只老兔子，他完成了分析，获得了健康。阿斯特博士给赫曼的继女推荐了一位精神分析师。

让我们回忆一下，我在第一章提到了安娜·弗洛伊德（1954）的一个评论。她建议，精神分析师不应该将自己的时间投入到那些人格发展较为原始的患者身上。分析师最好将他们的时间用于帮助那些神经症患者获得健康，这样才更有效率。但是，有严重问题的个体

确实会寻求精神分析的治疗。这就是我为何会在第二章描述完盖博（患有神经症的年轻人）的分析之后，开始呈现越来越困难的患者。如果能够在技术的扩展方面进行考量（比如，关注治疗性戏剧），这些患者完全可以从精神分析中收获更多益处。我还认为，像赫曼这样的个体，如果采取较不密集的心理治疗手段，很有可能是不会被治愈的。

术语表 [1] ◀◀◀

分析性内射（或发展性客体、新客体）

analytic introject (or developmental object or new object)

分析师的"新"，并非指他或者她在真实世界的社交性存在，而是取决于分析师是患者迄今为止从未相遇过的一个客体（及其表征）（Loewald，1960；Cameron，1961；Giovacchini，1972；Kernberg，1975；Volkan，1976，2012，2015b；Tähkä，1993；Volkan & Ast，1992，1994）。患者和"新客体"的交互作用，与婴儿和母亲之间的养育关系是非常类似的（Rapaport，1951；and Ekstein，1966）。

关键时刻

crucial juncture

在儿童的心理发展，或成人在接受分析时发生移情的过程之中，自体或客体意象之中被爱与被恨的层面发生相遇（Klein，1946；Kernberg，1970；Volkan，1995，2012，2015b）。

---

[1] 这份简要的术语表并未包含常用的精神分析术语。更确切地说，它仅描述了本书中出现的一些不常被用到的或者说是全新的术语和概念。本术语表按英文术语首字母顺序排列。

重复梦

recurring dreams

拥有相同或类似象征、主题或结局的系列梦。当受分析者报告的重复梦出现了不同的结局，这表明内心发生了改变。

玻璃罩幻想

glass bubble fantasy

自恋型人格组织个体的典型幻想，在这样的幻想之中，个体独自生活在玻璃罩、铁球或者茧所笼罩之下的王国之中。这样的个体透过这个隐喻性的玻璃观察着他人，看外面的人们是要仰慕他们还是要贬损他们。在更深的层次上，这个幻想涉及个体的潜意识愿望：成为母亲肚子里面唯一的孩子，并收走她所有的爱（Modell, 1968; Volkan, 1979b, 1982, 2012）。

过渡性幻想

transitional fantasy

一些具有自恋型人格组织的成年人发展出来的某些白日梦，他们使用这些白日梦的方式，就像儿童在与他们的过渡性客体进行游戏一般，其目的是保护和维持他们的夸大性自体（Volkan, 1973）。

成真的潜意识幻想

unconscious and actualized fantasy

儿童在其发展的过程之中遭遇到极为严重或者一系列累加的实际创伤，而这些创伤扰动了本应只属于或者大部分属于心理领域的幻想，使它们超出了通常的限制。受分析者感到自己的这些幻想是"真实的"。在接受分析的过程中，这些受分析者会卷入治疗性戏剧，从而重访潜意识幻想成真的那个情形。他们用这种方式控制了成真的潜意识幻想对他们的生活所造成的影响（Volkan, 2004, 2012; Volkan & Ast, 2001）。朱迪斯·凯斯滕贝格[1]（1982）提及成真的潜意识幻想时，使用了"具体化"（concretized）这个术语。

连结性诠释
linking interpretation

分析师将弗洛伊德（1900）关于日间残留的理解应用于临床情境，将外部事件的影响与受分析者的自由联想进行关联（Giovacchini, 1969）。

预备性诠释
preparatory interpretation

分析师对受分析者内部世界的某些事物在某些情形之下如何激发出预料之中的相似行为进行解释（Loewenstein, 1951, 1958）。

伊萨克维尔现象
Isakower phenomenon

在入睡的过程中，个体在其口中产生某种感觉，同时还伴随着一些视

---

[1] 朱迪斯·凯斯滕贝格（Judith Kestenberg, 1910—1999），著名儿童精神病学家，生于波兰，在维也纳大学接受神经学和精神病学的医学教育，并获得博士学位，于1934年加入维也纳精神分析学会。由于纳粹对犹太人的迫害，凯斯滕贝格于1937年前往纽约，并成为纽约精神分析学会的成员和训练分析师。——译者注

觉性的想象，这可能是个体在重现自己在母亲乳房边的体验（Isakower,
1938）。

连结性客体和连结性现象
linking object and phenomenon

哀伤者使用某些客体（比如，一张照片或者坏掉的手表）或事物（比
如，一首歌或者阴天）创造出一个场域，好让逝去之人或物的心理表征和
与自身相关的自体意象得以在其中相遇。通过创造连结性客体或连结性现
象，个体对自身哀伤过程中的复杂性进行了"调整"。在心理层面控制连
结性客体或连结性现象，哀伤者控制了自己的以下愿望：唤回（爱）或摆脱
（恨）逝去之人或物，哀伤者也因而得以避免这两种愿望在心理层面造成的
后果。这样，哀伤者便成了漫长的哀伤者（Volkan, 1981, 2007）。

多重母亲
multiple mothers

在同一段时间之内，为成长发育的儿童提供较为密集和持续养育的
多位成年人（Cambor, 1969; Özbek & Volkan, 1976; Volkan & Fowler,
2009）。

为对方服务的退行
regression in the service of the other

指分析师的退行，这意味着，对于那些人格组织水平较低的个体，分
析师会沉入他们的需求之中。这种退行服务于对方的发展，使对方的发展

受益,它是受控的、部分的、可逆的。它并不关注受分析者的即刻满足,而是关注最终的满足;它并不关注挫折所引发的无数次级效应,而是关注挫折耐受力的发展(Olinick, 1980)。

回望
second look

探访童年时期的地点或事物,以掌控个体首次被动发生的体验,同时伴随着幻想(Novey, 1968)。沃伦·波兰[1](1977)曾经描述过个体会向着个人史之中重要的场所"朝圣",这个描述与"回望"是很相似的。个体可能会运用朝圣的行为服务于自我的整合功能。

自体或客体意象分裂
splitting of self- or object images

以某种方式将自体或客体意象分开,在人格组织水平较低的个体身上较为典型。我们描述自我功能的问题时,也会使用"分裂"这一术语,但两者不应当混淆。自我功能的分裂,指的是个体虽然知道某一事件的现实性,但表现得仿佛该事件并没有发生,比如,某人非常悲痛,虽然他知道自己所爱之人已经逝世,但他仍然能听到死者的脚步声。

---

[1] 沃伦·波兰(Warren S. Poland),医学博士、精神分析师和精神病学家。毕业于马里兰大学医学院,对精神分析的过程以及精神分析思想运用于更为广泛的文化议题做出了杰出的贡献,并因此荣获精神分析学界极为重要的"西格尼奖"(2009),著有《融化黑暗:临床实践的二元性及其原则》(1996)等。——译者注

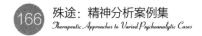

治疗性戏剧

therapeutic play

受分析者发展出来的移情故事，通常以行为的方式进行表达，其目的是掌控自身对某个潜意识幻想产生的重复而非适应性的反应，而这个幻想与创伤有关。受分析者以崭新而又更具适应性的方式终结这个故事，从而分展出新的自我功能（Volkan, 1987, 2012, 2015a）。在分析中，如果受分析者存在成真的潜意识幻想，他们便需要进入治疗性戏剧，从而驯服、修正乃至掌控这些具体化的信念所带来的影响，即便由于治疗工作的开展，这些信念已经不再处于潜意识的状态。

参考文献 ◀◀◀

Akhtar, S. (1992). *Broken Structures: Severe Personality Disorders and Their Treatment*. Northvale, NJ: Jason Aronson.

Blos, P. (1979). *The Adolescence Passage: Developmental Issues*. New York: International Universities Press.

Blum, H. P. (2003). Psychoanalytic controversies: Repression, transference and reconstruction. *International Journal of Psychoanalysis*, 84: 497-513.

Cambor, C. G. (1969). Preoedipal factors in superego development: The influence of multiple mothers. *Psychoanalytic Quarterly*, 38: 81-96.

Cameron, N. (1961). Introjection, reprojection, and hallucination in the interaction between schizophrenic patient and therapist. *International Journal of Psychoanalysis*, 42: 86-96.

Cooper, A. M., (ed). (2006). *Contemporary Psychoanalysis in America: Leading Analysts Present Their Work*. Washington, DC: American Psychiatric Publishing.

Ekstein, R. N. (1966). *Children of Time and Space, of Action and Impulse: Clinical Studies on the Psychoanalytic Treatment of Severely Disturbed Children*. East Norwalk, CT: Appleton-Century Crofts.

Erikson, E. H. (1956). The problem of ego identity. *Journal of the American Psychoanalytic Association*, 4: 56-121.

Farnham, C. (1994). *The Education of the Southern Belle*. New York: New York University Press.

Fintzy, R. T. (1971). Vicissitudes of the transitional object in a borderline child. *International Journal of Psychoanalysis*, 52: 107-114.

Fonagy, P. (1999). Memory and therapeutic action. *International Journal of Psychoanalysis*, 80: 215-223.

Freud, A. (1936). *The Ego and the Mechanism of Defense*. New York: International Universities Press, 1946.

Freud, A (1954). The widening scope of indications for psychoanalysis. *In The Writings of Anna Freud, Vol. 4*, pp. 356-376. New York: International Universities Press, 1968.

Freud, S. (1899). Screen memories. *Standard Edition*, 1: 301-323.

Freud, S. (1900). The interpretation of dreams. *Standard Edition*, 4 & 5.

Freud, S. (1901). Childhood memories and screen memories. *Standard Edition*, 7: 135-243.

Freud, S. (1914). Remembering, repeating and working through. *Standard Edition*, 12: 147-156.

Giovacchini, P. L. (1969). The influence of interpretation upon schizophrenic patients. *International Journal of Psychoanalysis*, 50: 179-186.

Giovacchini, P. L. (1972). Interpretation and the definition of the analytic setting. *In Tactics and Techniques in Psychoanalytic Therapy, Vol. II*, ed.

P. L. Giovacchini, pp. 5-94. New York: Jason Aronson.

Greenacre, P. (1970). The transitional object and the fetish: With special reference to the role of illusion. *International Journal of Psychoanalysis*, 51: 447-456.

Heimann, P. (1956). Dynamics of transference interpretations. *International Journal of Psychoanalysis*, 37: 303-310.

Isakower, O. (1938). A contribution to the psychopathology of phenomena associated with falling asleep. *International Journal of Psychoanalysis*. 19: 331-345.

Jacobson, E. (1954). Transference problems in the psychoanalytic treatment of severely depressive patients. *Journal of the American Psychoanalytic Association*, 2: 595-606.

Kernberg, O. F. (1970). Factors in the psychoanalytic treatment of narcissistic personalities. *Journal of the American Psychoanalytic Association*, 18: 51-85.

Kernberg, O. F. (1975). *Borderline Conditions and Pathological Narcissism*. New York: Jason Aronson.

Kestenberg, J. S. (1982). A psychological assessment based on analysis of a survivor's child. *In Generations of the Holocaust*, eds. M. S. Bergmann and M. E. Jucovy, pp. 158-177. New York: Columbia University Press.

Klein, M. (1946). Notes on some schizoid mechanisms. *International Journal of Psychoanalysis*, 27: 99-110.

Loewald, H. W. (1960). On the therapeutic action of psychoanalysis.

International Journal of Psycho-Analysis, 41: 16-33.

Loewenstein, R. M. (1951). The problem of interpretation. *The Psychoanalytic Quarterly*, 20: 1-14.

Loewenstein, R. M. (1958). Remarks on some variations in psychoanalytic technique. *International Journal of Psychoanalysis*, 39: 202-210.

McIver, B. (2005). From projects to podium: Giving up clown face for liberation of mammy. 2005 Psychoanalysis and Creativity Lecture. Cary, NC: Lucy Daniels Foundation, April 9-10.

Modell, A. H. (1968). *Object Love and Reality*. New York: International Universities Press.

Modell, A. H. (1975). A narcissistic defense against affects and the illusion of self-sufficiency. *International Journal of Psychoanalysis*, 56: 275-282.

Novey, S. (1968). *The Second Look: The Reconstruction of Personal History in Psychiatry and Psychoanalysis*. Baltimore: Johns Hopkins Press.

Olinick, S. L. (1980). *The Psychotherapeutic Instrument*. New York: Jason Aronson.

Özbek, A. and Volkan, V. D. (1976). Psychiatric problems of satellite-extended families in Turkey. *American Journal of Psychotherapy*, 30: 576-582.

Perry, C., and Weaks, M. L. (eds). (2002). *The History of Southern Women's Literature*. Baton Rouge: Louisiana State University Press.

Poland, W. S. (1977). Pilgrimage: Action and tradition in self-analysis. *Journal of the American Psychoanalytic Association*, 25: 399-416.

Rangell, L (2002). The theory of psychoanalysis: Vicissitudes of its evolution.

Journal of the American Psychoanalytic Association, 50: 1109-1137.

Rapaport, D. (1951). *Organization and Pathology of Thought: Selected Papers*. New York: Columbia University Press.

Searles, H. F. (1986). *My Work with Borderline Patients*. New York: Jason Aronson.

Seidel, K. L. (1985). *The Southern Belle in the American Novel*. Gainesville: University Presses of Florida.

Smith, L. (1949). *Killers of the Dream*. New York: W. W. Norton.

Stone, L. (1954). The widening scope of indications for psychoanalysis. *Journal of the American Psychoanalytic Association*, 2: 567-594.

Strachey, J. (1934). The nature of the therapeutic action of psychoanalysis. *International Journal of Psychoanalysis*, 15: 127-159.

Tähkä, V. (1993). *Mind and It's Treatment: A Psychoanalytic Approach*. Madison, CT: International Universities Press.

Volkan, V. D. (1963). Five poems by Negro youngsters who faced a sudden desegregation. *Psychiatric Quarterly*, 37: 607-616.

Volkan, V. D. (1973). Transitional fantasies in the analysis of a narcissistic personality. *Journal of the American Psychoanalytic Association*, 21: 351-376.

Volkan, V. D. (1974). Cosmic laughter: A study of primitive splitting. In *Tactics and Technique of Psychoanalytic Psychotherapy*, vol. 2, ed. P. C. Giovacchini, A., Flarsheim and L. B. Boyer, pp. 425-440. New York: Jason Aronson.

Volkan, V. D. (1976). *Primitive Internalized Object Relations: A Clinical Study of Schizophrenic, Borderline and Narcissistic Patients*. New York:

International Universities Press.

Volkan, V. D. (1979a). *Cyprus: War and Adaptation: A Psychoanalytic History of Two Ethnic Groups in Conflict*. Charlottesville, VA: University of Virginia Press.

Volkan, V. D. (1979b). The glass bubble of a narcissistic patient. In *Advances in Psychotherapy of the Borderline Patient*. Eds. Joseph LeBoit and Attilio Capponi, 405-431. New York: Jason Aronson.

Volkan, V. D. (1981). *Linking Objects and Linking Phenomena: A Study of the Forms, Symptoms, Metapsychology and Therapy of Complicated Mourning*. New York: International Universities Press.

Volkan, V. D. (1987). *Six Steps in the Treatment of Borderline Personality Organization*. Northvale, NJ: Jason Aronson.

Volkan, V. D. (1993). Countertransference reactions commonly present in the treatment of patients with borderline personality organization. In *Countertransference and How it Affects the Interpretive Work*, eds. A. Alexandris and C. Vaslamatis, pp.147-163. London: Karnac.

Volkan, V. D. (1995). *The Infantile Psychotic Self: Understanding and Treating Schizophrenics and Other Difficult Patients*. Northvale, NJ: Jason Aronson.

Volkan, V. D. (2004). Actualized unconscious fantasies and "therapeutic play" in adults' analyses: Further study of these concepts. In *Power of Understanding: Essays in Honour of Veikko Tähkä*, ed. A. Laine, 119-141. London: Karnac Books.

Volkan, V. D. (2009). The next chapter: Consequences of societal trauma. In *Memory, Narrative and Forgiveness: Perspectives of the Unfinished Journeys of the Past*, eds. P. Gobodo-Madikizela and C. van der Merve, pp.1-26. Cambridge, UK: Cambridge Scholars Publishing.

Volkan, V. D. (2012). *Die Erweiterung der psycho-analytischen Behandlungstechnik: bei neurotischen, traumatisierten, narzisstischen und Borderline-Persönlichkeiitsorganisationen*. Trans. G. Ast. Giessen: Psychosozial-Verlag.

Volkan, V. D. (2013). *Enemies on the Couch: A Psychopolitical Journey Through War and Peace*. Durham, NC: Pitchstone Publishing.

Volkan, V. D. (2014): Father quest and linking objects: A story of the American World War II Orphans Network (AWON) and Palestinian orphans. In *Healing in the Wake of Parental Loss: Clinical Applications and Therapeutic Strategies*, eds. P. Cohen, M. Sossin and R. Ruth, pp. 283-300. New York: Jason Aronson.

Volkan, V. D. (2015a). *A Nazi Legacy: A Study of Depositing, Transgenerational Transmission, Dissociation and Remembering Through Action*. London: Karnac.

Volkan, V.D. (2015b). *Would-Be Wife Killer: A Clinical Study of Primitive Mental Functions, Actualized Unconscious Fantasies, Satellite States, and Developmental Steps*. London: Karnac.

Volkan, V. D. and Ast, G. (1992). *Eine Borderline-Therapie: Strukturelle und Objektbeziehungskonflikte in der Psychoanalyse der Borderline-Persönlichkeitsorganisation*. Göttingen: Vandenhoeck & Ruprecht.

Volkan, V. D. and Ast, G.(1994). *Spektrum des Narzißmus: Eine klinische Studie des gesunden Narzißmus, des narzißtisch-masochistischen Charakters, der narzißtischen Persönlichkeitsorganisation, des malignen Narzißmus und des erfolgreichen Narzißmus.* Göttingen: Vandenhoeck & Ruprecht.

Volkan, V. D. and Ast, G.(1994). (2001). Curing Gitta's "leaking body": Actualized unconscious fantasies and therapeutic play. *Journal of Clinical Psychoanalysis*, 10: 567-606.

Volkan, V. D. and Fowler, C. (2009). *Searching for a Perfect Woman: The Story of a Complete Psychoanalysis.* New York: Jason Aronson.

Volkan, V. D. and Itzkowitz, N. (1994). *Turks and Greeks: Neighbors in Conflict.* Cambridgeshire, England: Eothen Press.

Volkan, V. D. and Zintl, E. (1993). *Life After Loss: Lessons of Grief.* New York: Charles Scribner's Sons.

Weigert, E. (1954). The importance of flexibility in psychoanalytic technique. *Journal of the American Psychoanalytic Association*, 2: 702-710.

Werner, H., and B. Kaplan (1963). *Symbol Formation.* New York: Wiley.

Winnicott, D. W. (1953). Transitional objects and transitional phenomena. *International Journal of Psychoanalysis*, 34: 89-97.

Wolfenstein, M. (1966). How mourning is possible. *Psychoanalytic Study of the Child*, 21: 93-123.

Wolfenstein, M.(1969). Loss, rage and repetition. *Psychoanalytic Study of the Child*, 24: 432-460.

图书在版编目（CIP）数据

殊途：精神分析案例集 /（美）沃米克·沃尔肯
（Vamik D. Volkan）著；成颢译. --重庆：重庆大学出版
社，2021.9
（鹿鸣心理·心理咨询师系列）
书名原文：Therapeutic Approaches to Varied
Psychoanalytic Cases
ISBN 978-7-5689-2921-9

Ⅰ.①殊… Ⅱ.①沃…②成… Ⅲ.①精神分析—案
例 Ⅳ.①B84–065

中国版本图书馆CIP数据核字（2021）第184009号

殊途：精神分析案例集
SHUTU: JINGSHEN FENXI ANLI JI

[美] 沃米克·沃尔肯（Vamik D. Volkan） 著
成 颢 译 武春艳 审校
鹿鸣心理策划人 王 斌
策划编辑：敬 京

责任编辑：敬 京 刘秀娟 版式设计：仙 境
责任校对：关德强 责任印制：赵 晟

*

重庆大学出版社出版发行
出版人：饶帮华
社址：重庆市沙坪坝区大学城西路 21 号
邮编：401331
电话：（023）88617190 88617185（中小学）
传真：（023）88617186 88617166
网址：http://www.cqup.com.cn
邮箱：fxk@cqup.com.cn（营销中心）
全国新华书店经销
重庆市正前方彩色印刷有限公司印刷

*

开本：890mm×1240mm 1/32 印张：6.375 字数：143千
2021 年 9 月第 1 版 2021 年 9 月第 1 次印刷
ISBN 978-7-5689-2921-9 定价：42.00元

Therapeutic Approaches to Varied Psychoanalytic Cases

by Vamik D. Volkan

版贸核渝字（2018）第141号